机械设计与实践应用研究

徐忠庆　刘亚红　祝　超　著

吉林科学技术出版社

图书在版编目（CIP）数据

机械设计与实践应用研究 / 徐忠庆，刘亚红，祝超
著 . -- 长春：吉林科学技术出版社，2024. 5. -- ISBN
978-7-5744-1368-9

Ⅰ . TH122

中国国家版本馆 CIP 数据核字第 2024UC5113 号

JIXIE SHEJI YU SHIJIAN YINGYONG YANJIU

机械设计与实践应用研究

著　　者	徐忠庆　刘亚红　祝　超	
出 版 人	宛　霞	
责任编辑	鲁　梦	
封面设计	树人教育	
制　　版	树人教育	
幅面尺寸	185mm×260mm	
开　　本	16	
字　　数	280 千字	
印　　张	12.75	
印　　数	1~1500 册	
版　　次	2024 年 5 月第 1 版	
印　　次	2024 年 12 月第 1 次印刷	
出　　版	吉林科学技术出版社	
发　　行	吉林科学技术出版社	
地　　址	长春市南关区福祉大路 5788 号出版大厦 A 座	
邮　　编	130118	

发行部电话 / 传真　0431-81629529　　81629530　　81629531
　　　　　　　　　　81629532　　81629533　　81629534

储运部电话　0431-86059116

编辑部电话　0431-81629520

印　　刷　三河市嵩川印刷有限公司

书　　号　ISBN 978-7-5744-1368-9

定　　价　75.00 元

前　言

　　随着科学技术的飞速发展和高等教育改革的不断深入，加强基础、拓宽专业，培养适合 21 世纪科学技术发展的高级工程技术人才，是高等工科学校建设的重要任务。具有基础课程性质，又具有工程技术性质的机械设计基础教材的建设在工程类专业中显得非常重要。本书为 21 世纪高等学校规划教材，是根据教育部审定的近机类和非机类主干课程的教学大纲编写而成的，供普通高等教育近机类和非机类专业教学使用。

　　机械设计作为工程领域的关键组成部分，在当今社会中扮演着不可替代的角色。随着科技的迅猛发展和社会需求的不断演变，机械设计领域面临着新的挑战与机遇。本书旨在深入研究机械设计的理论与实践，全面了解该领域的最新动态，并针对实际应用中的问题提出可行的解决方案。机械设计的背后是对技术的不断追求和对社会需求的持续响应。随着全球产业结构的调整和创新力量的崛起，机械设计不仅需要应对传统挑战，还需要适应新兴技术和市场趋势。因此，深入研究机械设计的背景与动机，对于理解其发展方向具有重要意义。

　　本书的核心目的在于全面了解机械设计领域的最新进展，深刻挖掘实际应用中的问题，并提出可行的解决方案。通过对机械设计理论与实践的深入分析，为从业者和研究者提供具有实际应用价值的指导，促进机械工程领域不断创新与发展。

　　通过对机械设计的理论基础、实践案例和未来发展趋势的深入研究，本书旨在为相关领域的从业者提供全面的参考，为推动机械设计领域的创新与发展贡献一份力量。希望本研究能够激发更多关于机械设计的讨论与思考，推动这一领域走向更加繁荣的未来。

　　由于笔者水平有限，本书难免存在不妥甚至谬误之处，敬请广大学界同仁与读者朋友批评指正。

目 录

第一章　机械设计总论 ……………………………………………………… 1

　第一节　机器的组成 …………………………………………………… 1

　第二节　机械设计的基本要求和一般程序 …………………………… 2

　第三节　机械零部件设计 ……………………………………………… 4

　第四节　机械零件的材料及其选用 …………………………………… 8

　第五节　机械设计中的标准化、系列化和通用化 …………………… 10

　第六节　现代机械设计方法 …………………………………………… 11

第二章　常用机构 ………………………………………………………… 14

　第一节　凸轮机构 ……………………………………………………… 14

　第二节　螺旋机构 ……………………………………………………… 30

　第三节　棘轮机构 ……………………………………………………… 38

　第四节　槽轮机构 ……………………………………………………… 41

　第五节　不完全齿轮机构 ……………………………………………… 43

　第六节　广义机构 ……………………………………………………… 44

第三章　机械零件设计的基础知识 ……………………………………… 48

　第一节　机械零件的常用材料及热处理 ……………………………… 48

　第二节　机械零件的主要失效形式 …………………………………… 54

　第三节　机械零件的工作能力及其准则 ……………………………… 55

　第四节　机械零件设计的一般步骤 …………………………………… 57

　第五节　机械零件的强度 ……………………………………………… 57

　　　第六节　磨损、摩擦和润滑 ·· 64

　　　第七节　机械零件的结构工艺性及标准化 ························· 70

第四章　平面连杆机构 ··· 72

　　　第一节　平面四杆机构的基本形式及其演化 ················· 72

　　　第二节　平面四杆机构存在曲柄的条件和几个基本概念 ··· 79

　　　第三节　平面四杆机构的运动设计 ····························· 85

第五章　带传动 ··· 93

　　　第一节　带传动的工作原理和传动形式 ······················ 93

　　　第二节　V 带和 V 带轮 ·· 95

　　　第三节　带传动的受力分析和应力分析 ······················ 99

　　　第四节　普通 V 带传动的设计计算 ························· 103

　　　第五节　带传动的张紧 ·· 110

第六章　链传动 ··· 114

　　　第一节　概述 ··· 114

　　　第二节　滚子链链条和链轮 ···································· 116

　　　第三节　链传动的运动分析和受力分析 ···················· 118

　　　第四节　滚子链传动的设计计算 ······························ 120

　　　第五节　链传动的布置、张紧和润滑 ························· 124

第七章　齿轮传动 ··· 126

　　　第一节　齿轮传动的简介 ······································· 126

　　　第二节　渐开线及渐开线齿廓 ································· 127

　　　第三节　其他齿轮 ··· 130

　　　第四节　齿轮的设计 ··· 140

　　　第五节　蜗杆传动与螺旋传动 ································· 143

第八章 轮系 154

第一节 轮系的类型 154

第二节 定轴轮系及其传动比 155

第三节 周转轮系及其传动比 157

第四节 复合轮系及其传动比 161

第五节 轮系的应用 163

第六节 几种特殊的行星传动简介 166

第九章 联轴器、离合器和制动器 171

第一节 联轴器 171

第二节 离合器 177

第三节 制动器 179

第十章 弹簧 181

第一节 概述 181

第二节 弹簧的制造、材料和许用应力 182

第三节 圆柱形拉伸、压缩螺旋弹簧的结构和特性曲线 184

第四节 圆柱形拉伸、压缩螺旋弹簧的设计计算 188

第五节 圆柱形扭转螺旋弹簧简介 192

参考文献 195

第一章　机械设计总论

本章主要介绍机器的基本构成、各部分的主要作用以及与机械设计相关的共性知识，包括机械零件设计的基本要求和准则、材料的选择、各种失效形式，以及它们与受力类型和相对运动之间的对应关系。

机械零件是机器最基本的组成单元，机械零件设计的主要内容包括材料和热处理方式的选择、结构形状和结构参数的确定，以及零件加工精度的确定，如尺寸精度、表面粗糙度、形状位置精度等。

第一节　机器的组成

机器是人们根据某种使用要求而设计和制造的一种执行机械运动的装置，可用来变换或传递能量、物料和信息。一台完整的机器就其各部分功能而言，包括以下几个部分（见图 1-1）。

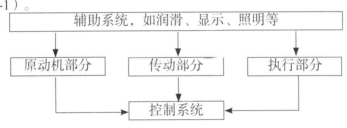

图 1-1　机器各部分功能

原动机部分是驱动整部机器完成预定功能的动力源。常用的原动机有电动机、内燃机、水轮机、蒸汽轮机、液动机和气动机，其中电动机应用最为广泛。

传动部分是把原动机的运动和动力传递给工作机的中间装置，实现运动和力的传递与变换，以适应工作机的需要。

执行部分包括执行机构（工作机）和执行构件，通常处于机械系统的末端，用来完成机器的预定功能。

控制系统是使原动机部分、传动部分、执行部分彼此协调工作，控制或操纵上述各部分的启动、离合、制动、变速、换向或各部件运动的先后次序、运动轨迹及行程等，并准确可靠地完成整个机械系统功能的装置，包括机械控制、电气控制和液压控制等。

此外，根据机器的功能要求，还有一些辅助系统，如润滑、冷却、显示、照明等以及框架支撑系统（如支架、床身、底座等）。

随着科学技术的不断进步和计算机技术的广泛应用，现代机械正朝着自动化、精密化、高速化和智能化的方向发展。现代机器是由计算机信息网络协调与控制的、用于完成包括机械力、运动和能量转化动力学任务的机械和（或）机电部件相互联系的系统。工业机器人是现代机器的典型。

第二节　机械设计的基本要求和一般程序

一、机械设计的基本要求

（一）实现预期功能要求

预期功能是指用户或设计者与用户协商确定下来的机械产品需要满足的特性和能力。例如，机器工作部分的运动形式、速度、运动精度和平稳性、传递的功率等，以及某些使用上的特定要求（如自锁、防潮、防爆等）。这需要设计者正确分析机器的工作原理、正确设计或选用能够全面实现功能要求的执行机构、传动机构、原动机以及合理配置必要的辅助系统来实现。

（二）经济性要求

经济性体现在机械设计、制造和使用的全过程中。设计制造的经济性表现为机器的成本低，使用的经济性表现为高生产率，高效率，能源材料消耗少，维护管理费用低等。

（三）劳动保护和环境的要求

设计时要按照人机工程学的观点，使机器的使用简便可靠，降低使用者的劳动强度。同时，设置完善的安全防护及保安装置、报警装置等，使所设计的机器符合劳动保护法规的要求。改善机器及操作者周围的环境条件，如降低机器运转的噪声，防止有毒、有害介质的渗漏及对废水、废气进行有效的治理等，以满足环境保护法规对生产环境提出的要求。

（四）寿命和可靠性要求

任何机器都要求在一定的寿命下可靠地工作。人们对机器除有习惯上的工作寿命的要求外，对可靠性也提出了明确的要求。机器的可靠性通过可靠度来衡量。机器的可靠度是指，在规定的使用时间（寿命）内和一定的环境条件下，机器能够正常工作的概率。越来越多的机器设计和生产部门，特别是那些因机器失效造成巨大损失的部门，如航空、航天部门，相继规定了在设计时必须对其产品，包括零部件进行可靠性分析与评估的要求。

（五）其他特殊要求

对不同的机器，还有一些为该机器所特有的要求。例如，对机床有长期保持精度的要求；对流动使用的机器（如钻探机械）有便于安装和拆卸的要求；对大型机器有便于运输的要求等。设计机器时，在满足前述共同的基本要求的前提下，还应注重满足这些特殊要求，以提高机器的使用性能。

二、机械设计的一般程序

（一）规划设计阶段

规划设计阶段是机械设计整个过程中的准备阶段。在这个阶段中，应对所设计机器的需求情况做充分的市场调查研究和分析，确定所设计机器需要实现的功能以及所有的设计要求和期望，并根据现有的技术、资料及研究成果，分析其实现的可能性，明确设计中的关键问题，拟定设计任务书。设计任务书的内容主要包括机器的功能、主要参考资料、制造要求、经济性及环保性评估、特殊材料、必要的试验项目、完成设计任务的预期期限以及其他特殊要求等。正确分析和规划、确定设计任务是合理设计机械的前提。

（二）方案设计阶段

根据设计任务书提出的要求进行机器功能设计研究，确定执行部分的运动和阻力，选择原动机和传动机构，拟定原动机到执行部分的传动系统，绘制整机的运动简图，并进行初步的运动和动力计算，确定功能参数。根据功能参数，提出可能采用的方案。通常需对多个方案加以分析比较，择优选定。

（三）技术设计阶段

根据方案设计阶段提出的最佳方案，进行技术设计，包括机器运动学设计、机器动力学计算、零件工作能力设计、部件装配草图和总装配图的设计以及主要零件的校核，最后绘制零件的工作图、部件装配图和总装图，编制技术文件和说明书。

（四）试制定型阶段

通过鉴定评价，对设计进行必要的修改后进行小批量的试制和试验，必要时还应在实际使用条件下试用，对机器进行各种考核和测试。通过几次小批量生产，在进一步考察和验证的基础上将原设计进行改进之后，即可进行适用于批量生产的机器定型设计。

需要指出的是，机械设计的各个阶段是紧密关联的，某一阶段中发现问题和不当之处，必须返回到前面的有关阶段去修改。因此，机械设计过程是一个不断返回、不断修改，以逐渐接近最优结果的过程。

第三节　机械零部件设计

一、机械零件设计的基本要求

1.功能性要求。应保证零件有足够的强度、刚度、寿命及振动稳定性等。

2.结构工艺性要求。设计的结构应便于加工和装配。

3.经济型要求。设计时正确选择零件的材料、尺寸，零件应有合理的生产加工和使用维护的成本。

4.安全可靠，操作方便。

二、机械零件的主要失效形式

机械零件由于某种原因不能正常工作称为失效，主要失效形式有以下几种。

（一）断裂

当零件在外载荷作用下，由于某一危险截面的应力超过零件的强度极限而导致的断裂，或在变应力作用下，危险截面发生的疲劳断裂（见图1-2）。

（a）齿轮轮齿断裂　　　　　（b）轴承内圈断裂

图1-2　零件的疲劳断裂

（二）过量变形

机械零件受载工作时，必然会发生弹性变形。在允许范围内的微小弹性变形对机器工作影响不大，但过量的弹性变形会使零件不能正常工作，有时还会造成较大振动，造成零件损坏。

当作用于零件上的应力超过材料的屈服极限时，零件将产生塑性变形，造成零件的尺寸和形状改变（见图1-3），破坏零件和零件间的相互位置和配合关系，使零件或机器不能正常工作。

（a）齿轮齿面塑性变形　　　　　（b）轴承内圈塑性变形

图1-3　零件的塑形变形

（三）零件的表面损伤

零件的表面损伤主要是接触疲劳（点蚀）、磨损和腐蚀（见图1-4）。零件表面损伤后，通常会增大摩擦，增加能量损耗，破坏零件的工作表面，致使零件尺寸发生变化，最终造成零件报废。零件的使用寿命在很大程度上受到表面损伤的限制。

（四）破坏正常工作条件引起的失效

有些零件只有在一定的工作条件下才能正常工作，若破坏了这些必备条件将发生不同类型的失效。例如，在带传动过程中，当传递的有效圆周力大于摩擦力的极限值时将发生打滑失效；高速转动的零件当其转速与转动系统的固有频率相一致时会发生共振，引起断裂；液体润滑的滑动轴承当润滑油膜破裂时将发生过热、胶合、磨损等。

（a）轴承轴瓦的磨损　　　　　（b）齿轮齿面点蚀

图1-4　零件的表面损伤

零件在工作时发生哪一种失效，与零件的工作环境、载荷性质等很多因素有关。有统计结果表明，正常工作情况下，机械零件的失效主要由疲劳、磨损、腐蚀等因素引起。

三、机械零件的设计准则

零件不发生失效时的安全工作限度称为零件的工作能力，为保证零件安全、可靠地工作,应确定相应的设计准则来保证设计的机械零件具有足够的工作能力。一般来讲,大体有以下设计准则。

（一）强度准则

强度准则是机械零件设计计算最基本的准则。强度是指零件在载荷作用下抵抗断裂、塑性变形及表面损伤的能力。为保证零件有足够的强度,计算时应保证危险截面工作应力 σ 或 τ 不能超过许用应力 $[\sigma]$ 或 $[\tau]$,即

$$\sigma \leqslant [\sigma] \text{ 或 } \tau \leqslant [\tau] \tag{1-1}$$

满足强度要求的另一表达式是使零件工作时的实际安全系数 S 不小于零件的许用安全系数 $[S]$,即

$$S \geqslant [S] \tag{1-2}$$

（二）刚度准则

刚度是零件受载后抵抗弹性变形的能力。为保证零件有足够的刚度,设计时应使零件在载荷作用下产生的弹性变形量 y 不得大于许用变形量 $[y]$,即

$$y \leqslant [y] \tag{1-3}$$

弹性变形量 y 可按各种变形量的理论或实验方法来确定,而许用变形量 $[y]$ 则应随不同的使用场合,根据理论或经验来确定其合理的数值。

（三）寿命准则

影响零件寿命的主要因素是腐蚀、磨损和疲劳,它们的产生机理、发展规律及对零件寿命的影响是完全不同的。迄今为止,还未提出有效而实用的腐蚀寿命计算方法,所以尚不能列出腐蚀的计算准则。对磨损,人们已充分认识到它的严重危害性,进行了大量的研究,但由于摩擦、磨损的影响因素十分复杂,产生的机理还未完全明晰,所以至今还未形成供工程实际使用的定量计算方法。对疲劳寿命的计算,通常是求出零件使用寿命期内的疲劳极限或额定载荷来作为计算的依据。

（四）振动稳定性准则

机器中存在着许多周期性变化的激振源,如齿轮的啮合、轴的偏心转动、滚动轴承中的振动等。当零件（或部件）的固有频率 f 与上述激振源的频率 f_p 重合或成整数倍关系时,零件就会发生共振,导致零件在短期内被破坏甚至使整个系统毁坏。因此,应使受激零件的固有频率与激振源的频率相互错开,避免共振。相应的振动稳定性的计算准则为

$$0.85f > f_p \text{ 或 } 1.15f < f_p \qquad (1\text{-}4)$$

若不满足振动稳定性条件，可改变零件或系统的刚度或采取隔振、减振措施来改善零件的振动稳定性。

（五）散热性准则

机械零部件由于过度发热，会引起润滑失效，零部件胶合、硬度降低、热变形等问题。因此，对于发热较大的机械零部件必须限制其工作温度，满足散热性准则，如蜗杆传动、滑动轴承需进行热平衡计算。

（六）可靠性准则

对于重要的机械零件要求计算其可靠度，作为可靠性的性能指标。可靠度是指，一批零件共有 N_0 个，在一定的工作条件下进行试验，如在时间 t 后仍有 N_S 个能正常工作，则这批零件在该工作条件下，达到工作时间 t 的可靠度 R 为：

$$R = \frac{N_S}{N_0} = \frac{N_0 - N_f}{N_0} = 1 - \frac{N_f}{N_0} \qquad (1\text{-}5)$$

式中 N_f ——在时间 t 内失效的零件数，$N_0 = N_S + N_f$。

四、机械零件的设计方法

机械零件的常规设计方法有以下三种。

（一）理论设计

理论设计是根据现有的设计理论和实验数据所进行的设计。按照设计顺序的不同，零件的理论设计可分为设计计算和校核计算。

1. 设计计算

根据零件的工作情况和要求进行失效分析，确定零件的设计计算准则，按其理论设计公式确定零件的形状和尺寸。

2. 校核计算

参照已有实物、图样和经验数据初步拟定零件的结构和尺寸，然后根据设计计算准则的理论校核公式进行校核计算。

（二）经验设计

经验设计是指根据对某类零件已有的设计与使用实践而归纳出的经验公式，或根据设计者的经验用类比法所进行的设计。经验设计简单方便，适用于那些使用要求变动不大而结构形状已典型化的零件，如箱体、机架、传动零件。

（三）模型实验设计

对于尺寸特大、结构复杂且难以进行理论计算的重要零件可采用模型实验设计。即把初步设计的零部件或机器做成小模型或小尺寸样机，通过实验的手段对其各方面的特性进行检验，根据实验的结果逐步修改，从而达到完善。这种方法费时、昂贵，适用于特别重要的设计。

五、机械零件设计的一般步骤

机械零件的设计大体要经过以下几个步骤：

1. 根据零件功能要求、工作环境等选定零件的类型。为此，必须对各种常用机械零件的类型、特点及适用范围有明确的了解，进行综合对比并正确选用。

2. 根据机器的工作要求，计算作用在零件上的载荷。

3. 分析零件在工作时可能出现的失效形式，确定其设计计算准则。

4. 根据零件的工作条件和对零件的特殊要求，选择合适的材料，并确定必要的热处理方式或其他处理方式。

5. 根据设计准则计算并确定零件的基本尺寸和主要参数。

6. 根据工艺性要求及标准化等原则进行零件的结构设计，确定其结构尺寸。

7. 结构设计完成后，必要时还应进行详细的校核计算，判断结构的合理性并根据校核计算结果根据适当修改结构设计。

8. 绘制零件的工作图，并写出计算说明书。

第四节　机械零件的材料及其选用

一、机械零件常用的材料

机械零件的常用材料可以分为金属材料、非金属材料和复合材料三大类。

（一）金属材料

在各类工程材料中，金属材料（尤其是钢铁）使用最广。据统计机械产品中金属材料的使用占到了 90% 以上。钢铁之所以被大量采用，除由于其具有较好的力学性能（如强度、塑性、韧性等）外，还因其价格相对便宜和容易获得，而且能满足多种性能和用途的要求。在各类钢铁材料中，由于合金钢的性能优良，常用于制造重要的零件。

除钢铁以外的金属材料均称为有色金属及其合金。有色金属及其合金具有某些特殊性能，如良好的减摩性、耐磨性、抗腐蚀性、抗磁性、导电性等。在机械制造中主要应用的是铜合金、轴承合金和轻合金。

（二）非金属材料

非金属材料，可大致分为高分子材料和陶瓷材料。高分子材料主要有塑料、橡胶和合成纤维三大类。高分子材料的主要优点在于其具有极强的化学稳定性，不易被氧化。以聚四氟乙烯为例，它具有很强的耐腐蚀性，化学稳定性极强，低温下不易变脆，沸水中不会变软，因此常被用于化工设备。但是由于高分子材料是有机材料，所以不少高分子材料不具备阻燃性，且易老化。以 Si_3N_4 和 SiC 为代表的工程结构陶瓷和以 Al_2O_3 为代表的刀具陶瓷以其极高的硬度、高耐磨性、高耐腐蚀性、高熔点、大刚度等特点被广泛地应用在密封件、滚动轴承和切削刀具等结构中。但陶瓷材料的缺点是价格昂贵、加工工艺性差、断裂韧度低，这使它的使用受到了极大的限制。

（三）复合材料

复合材料是由两种或两种以上具有不同的物理和力学性能的材料复合制成的，可以获得单一材料难以达到的优良性能。复合材料的主要优点是有较高的强度和弹性模量，而质量又特别小，但它也有耐热性差、导热性和导电性差的缺点。此外，复合材料的价格比较高，目前主要应用于航空、航天等高科技领域。

机械零件的常用材料绝大多数已标准化，可查阅有关的国家标准、设计手册等资料了解它们的性能特点和使用场合，以备选用。在后面的有关章节中也将对具体零件的适用材料分别加以介绍。

二、机械零件材料选择的一般原则

机械零件材料的选择是一个比较复杂的技术经济问题，通常应考虑下述三方面要求。

（一）使用要求

1.机械所受载荷的大小、性质及其应力状况

如承受拉伸为主的机械零件宜选钢材；受压的机械零件宜选铸铁；承受冲击载荷的机械零件宜选韧性好的材料。

2.机械零件的工作条件

如在高温下工作的应选耐热钢；在腐蚀介质中工作的应选耐腐蚀材料；表面处于摩擦状态下工作的应选耐磨性较好的材料。

3.机械零件尺寸和重量的限制

如受力大的零件，因尺寸取决于强度，一般而言，尺寸也相应增大，但如果在零件尺寸和重量又有限制的条件下，就应选用高强度的材料；载荷一般但要求质量轻的机械零件，设计时可采用轻合金或塑料。

（二）工艺要求

为使零件便于加工制造，选择材料时应考虑零件结构的复杂程度、尺寸大小和毛坯类型。结构复杂的零件宜选用铸造毛坯，或用板材冲压出结构件后再经焊接而成。结构简单的零件可用锻造法制取毛坯。

对材料工艺性的了解，在判断加工可能性方面起着重要的作用。铸造材料的工艺性是指材料的液态流动性、收缩率、偏析程度及产生缩孔的倾向性等。锻造材料的工艺性是指材料的延展性、热脆性及冷态和热态下塑性变形的能力等。焊接材料的工艺性是指材料的焊接性及焊缝产生裂纹的倾向性等。材料的热处理工艺性是指材料的可淬性、淬火变形倾向性及热处理介质对它的渗透能力等。冷加工工艺性是指材料的硬度、易切削性、冷作硬化程度及切削后可能达到的表面粗糙度等。

（三）经济性要求

经济性要求不仅指材料本身的价格，还包括加工制造费用、使用维护费用等。提高材料的经济性可从以下几方面加以考虑：

1. 材料本身的价格。在满足使用要求和工艺要求的条件下，应尽可能选择价格低廉的材料，特别是对生产批量大的零件，更为重要。

2. 材料的加工费用。如制造某些箱体类零件，虽然铸铁比钢板廉价，但在批量小时，选用钢板焊接反而更有利，因其可以省掉铸模的生产费用。

3. 采用热处理或表面强化（如喷丸、碾压等）、表面喷镀等工艺，充分发挥和利用材料潜在的力学性能，减少腐蚀或磨损，延长零件的使用寿命。

4. 改善工艺方法，提高材料利用率，降低制造费用。如采用无切削、少切削工艺（如冷墩、碾压、精铸、模锻、冷拉工艺等），可减少材料的浪费，缩短加工工时，还可使零件内部金属流线连续、强度提高。

5. 节约稀有材料。如采用我国资源较丰富的锰硼系合金钢代替资源较少的铬镍系合金钢，采用铝青铜代替锡青铜等。

6. 采用组合式结构，节约价格较高的材料。如组合式结构的蜗轮齿圈用减摩性较好但价格贵的锡青铜，轮芯采用价廉的铸铁。

7. 材料的供应情况。应选用本地现有且便于供应的材料，以降低采购、运输、储存的费用。此外，应尽可能减少材料的品种和规格，以简化供应和管理。

第五节　机械设计中的标准化、系列化和通用化

机械零件的标准化是指通过对零件的尺寸、结构要素、材料性能、检验方法、设

计方法及制图要求等，制定出被大家共同遵循的标准。在机械设计中，应该尽可能采用有关标准。常用的标准包括：

1. 各种零部件标准，如螺栓、螺母、垫圈、键、花键和滚动轴承标准。

2. 零件参数标准，如标准直径、齿轮模数、螺纹形状和各种机械零件的公差等。

3. 零件设计方法标准，如渐开线圆柱齿轮承载能力计算方法、普通 V 带传动设计等。

4. 材料标准，如各种材料的牌号、型钢的形状和尺寸等。

目前，已发布的与机械零件设计有关的标准，从运用范围来讲，可分为国家标准（GB）、行业标准（如 JB、QB、YB 等）和企业标准；从使用的强制性来说，可分为必须执行的（有关度、量、衡及涉及人身安全等标准）和推荐使用的（如标准直径等）。

对于同一产品，为了符合不同的使用条件，在同一基本结构或基本尺寸条件下，规定出若干个辅助尺寸不同的产品，成为不同的系列，称为产品的系列化。例如，对于同一结构、同一内径的滚动轴承，制出不同外径及宽度的产品，称为滚动轴承系列。不同种类的产品或不同规格的同类产品中可采用同一结构和尺寸的零部件，称为产品的通用化。例如，不同的汽车可采用相同的内燃机。

标准化、通用化、系列化简称机械产品的"三化"。贯彻"三化"可以实现：减少设计工作量，提高设计质量并缩短生产周期；减少刀具和量具的规格，便于设计与制造，从而降低成本；便于组织标准件的规模化、专门化生产，易于保证产品质量，节约材料，降低成本；提高互换性，便于维修；便于国家的宏观管理与调控以及内外贸易；便于评价产品质量，解决经济纠纷。

第六节　现代机械设计方法

现代机械设计方法是相对于传统设计方法而言的。由于现代设计方法尚处于不断发展之中，尚无明确的定义界域，但其一般性发展规律却是有据可循的。从整体上来说，现代设计方法是一个综合运用现代应用数学、应用力学、电子信息科技等方面的最新的研究成果与技术手段来辅助完成设计，使设计更加趋近精确、可靠、高效、节能。几种在机械设计中应用较广的现代设计方法如下。

一、模块化设计

相比于传统的串行设计，模块化设计可以实现并行设计，使设计周期大大缩短。同时，模块化设计也方便产品的功能更新以及产品功能的多样性。同时，依据一个好的设计平台，模块化设计可以增强不同功能的机器间的零件的通用化，进而大幅降低产品成本，提高产品质量。

二、优化设计

优化设计，是将设计中的物理模型转化为数学模型，然后采用数学最优化理论，利用计算机等辅助工具求解出最优解。通过对最优解的分析评价结论来指导确定最优的设计方案。优化设计可以实现多个变量目标综合，达到系统整体的最优化、最精确设计。

三、计算机辅助设计

计算机辅助设计，通常是利用 CAD 等强大的计算机软件的快速精确、逻辑判断等功能进行设计信息处理。CAD 与计算机辅助制造（CAM）结合形成 CAD/CAM 系统，再与计算机辅助检测（CAT）、计算机管理自动化结合形成计算机集成制造系统（CIMS），综合进行市场预测、产品设计、生产计划、制造和销售等一系列工作，实现人力、物力和时间等各种资源的有效利用，有效地促进了现代企业生产组织、管理和实施的自动化、无人化，使企业总效益提高。

四、人机工程学设计

人机工程学设计是从人机工程学的角度考虑机械设计，处理机器与人的关系，使设计满足人的需要。该方法用系统论的观点来研究人、机器和环境所组成的系统，研究组成三要素及其相互关系。人机学设计研究的重点是人，从研究人的生理和心理特征出发，使系统中的三要素相互协调，以便促进人的身心健康，提高人的工作效能，最大限度地发挥机器的优势。

五、机械动态设计

机械动态设计是根据机械产品的动载工况，以及对该产品提出的动态性能要求与设计准则，按动力学方法进行分析与计算、优化与试验并反复进行的一种设计方法。该方法的基本思路是，把机械产品（系统或设备）看成是一个内部情况不明的黑箱，根据对产品的功能要求，通过外部观察，对黑箱与周围不同的信息联系进行分析，求出机械产品的动态特性参数，然后进一步寻求它们的机理和结构。

六、机械系统设计

机械系统设计是应用系统的观点进行机械产品设计的一种设计方法。传统设计只注重机械内部系统设计，且以改善零部件的特性为重点，对各零部件之间、内部与外部系统之间的相互作用和影响考虑较少。机械系统设计则遵循系统的观点，研究内外系统和各子系统之间的相互关系，通过各子系统的协调工作、取长补短来实现整个系统最佳的总功能。

综上，现代机械设计方法是一个动态取代静态，定量取代定性，优化设计取代可行性设计，模块化设计取代串行设计，系统工程取代部分处理，自动化取代人工，综合运用已有的资源不断发展的一种设计方法。其本质是追求更高的效益，更恰当的设计，不断开阔设计人员的视野，集中精力创新发展并开发出更多的高新技术产品以满足社会、经济、国防等诸多方面的发展需要。

第二章　常用机构

第一节　凸轮机构

一、凸轮机构的基本类型

（一）凸轮机构的组成

凸轮机构是由凸轮、从动件和机架三个基本构件所组成的一种高副机构。凸轮是一个具有曲线轮廓或凹槽的构件。当它运动时，通过其上的曲线轮廓与从动件的高副接触，使从动件获得预期的运动。凸轮机构在各种机械，尤其是在自动化生产设备中得到了广泛的应用。

如图 2-1 所示为内燃机配气机构。凸轮 1 是一个具有变化向径的盘形构件，当它回转时，迫使从动件推杆 2 在固定导路 3 内作往复运动，以控制燃气在适当的时间进入汽缸或排出废气。

如图 2-2 所示为自动机床的进刀机构。当具有凹槽的凸轮 1 回转时，其凹槽的侧面迫使从动件 2 绕 O 点作往复摆动，通过扇形齿轮和刀架上的齿条 3 控制刀架作进刀和退刀运动。

（二）凸轮机构的分类

在工程实际中，凸轮机构的形式多种多样。常用的分类方法有以下 3 种：

1. 按凸轮的形状分类

（1）盘形凸轮机构（见图 2-1）

凸轮是绕固定轴转动且具有变化向径的盘形构件。当凸轮绕其固定轴转动时，从动件在垂直于凸轮轴的平面内运动。它是凸轮的基本形式，结构简单，应用广泛。

（2）移动凸轮机构（见图 2-3）

凸轮是具有曲线轮廓且只能作相对往复直线移动的构件。它可看成轴心在无穷远处的盘形凸轮。

（3）圆柱凸轮机构（见图2-2）

凸轮的轮廓曲线位于圆柱面上。它可看成把移动凸轮卷成圆柱体而得。

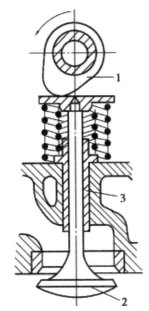

图2-1　内燃机配气机构

1—凸轮；2—推杆；3—固定导路

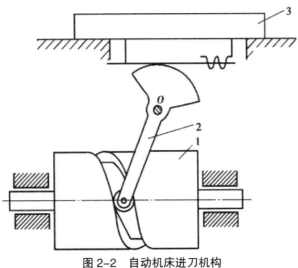

图2-2　自动机床进刀机构

1—凸轮；2—从动件；3—齿条

2. 按从动件的形状分类

（1）尖底从动件 [见图2-4（a）]

从动件的尖底能与任意复杂的凸轮轮廓保持接触，使从动件实现任意的运动规律。这种从动件结构最简单，但易于磨损，故仅适用于速度较低和作用力不大的场合。

（2）滚子从动件 [见图 2-4 （b ）]

从动件底部装有可自由转动的滚子，凸轮与从动件之间的摩擦为滚动摩擦，减小了摩擦磨损，可用来传递较大的动力，故应用较广。

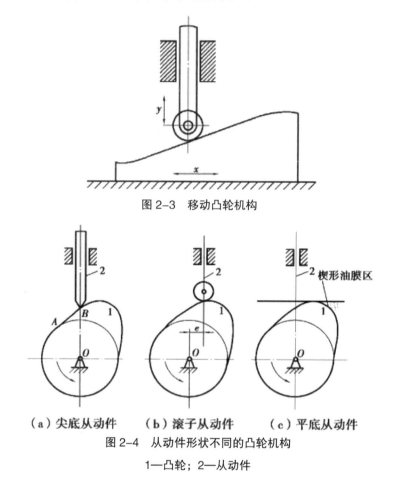

图 2–3　移动凸轮机构

（a）尖底从动件　（b）滚子从动件　（c）平底从动件

图 2–4　从动件形状不同的凸轮机构

1—凸轮；2—从动件

（3）平底从动件 [见图 2-4 （c ）]

从动件与凸轮之间为线接触，接触处易形成油膜，润滑状况好，传动效率高，常用于高速场合，但仅能与轮廓全部外凸的凸轮相配合。

在各种形式的从动件中，既有作直线往复运动的从动件，也有绕定轴摆动的从动件，前者称为直动从动件（见图 2-1、图 2-3），后者称为摆动从动件（见图 2-2）。

在直动从动件中，若尖底或滚子中心的轨迹通过凸轮的轴心，称为对心直动从动件 [见图 2-4 （a ）]；否则，称为偏置直动从动件 [见图 2-4 （b ）]。

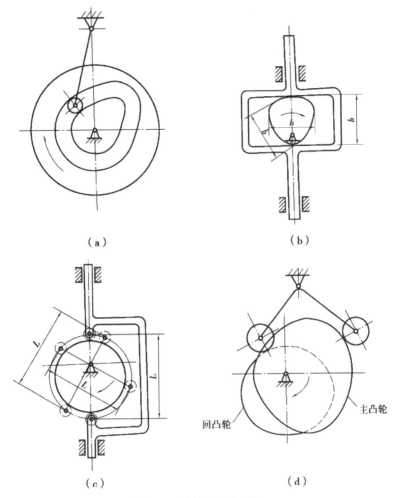

（a）

（b）

（c）

（d）

图 2-5 形封闭凸轮机构

3. 按凸轮与从动件保持接触的方式分类

（1）力封闭（见图 2-1）

力封闭是指，利用从动件的重力、弹簧力或其他外力使从动件与凸轮保持接触。

（2）形封闭（见图 2-2）

形封闭是指，依靠凸轮与从动件的特殊结构来保持从动件与凸轮接触。图 2-5 列出了常用的形封闭凸轮机构。其中，图 2-5（a）为沟槽凸轮机构，图 2-5（b）为等宽凸轮机构，图 2-5（c）为等径凸轮机构，图 2-5（d）为共轭凸轮机构。

二、从动件常用运动规律

如图 2-6（a）所示为对心直动尖底从动件盘形凸轮机构。以凸轮轮廓最小向径 r 为半径所作的圆，称为凸轮的基圆；r_b 称为基圆半径。如图 2-6（b）所示为对应于凸轮转动一周从动件的位移线图。横坐标代表凸轮的转角 φ，纵坐标代表从动件的位移 s。

在该位移线图上，由 a 到 b 是从动件上升的曲线。与这段曲线相对应的从动件的。远离凸轮轴心的运动，把从动件的这一行程称为推程，从动件所移动过的距离称为行程，用 h 表示，相应的凸轮转角 $\angle AOB$ 称为推程运动角，用 φ_0 表示；由 b 到 c 是从动件在最远处静止不动的曲线，对应的凸轮转角 $\angle BOC$ 称为远休止角，用 φ_s 表示；由 c 到 d 是从动件由最远位置回到初始位置的曲线，这一行程称为回程，对应的凸轮转角 $\angle COD$ 称为回程运动角，用 φ'_0 表示；由 d 到 a 是从动件在最近处静止不动的曲线，对应的凸轮转角 $\angle DOA$ 称为近休止角，用 φ'_s 表示。当凸轮连续回转时，从动件将开始"升—停—降—停"的循环。

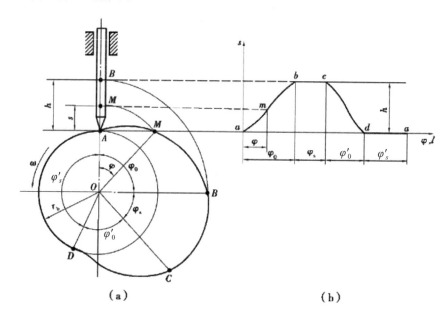

图 2-6　对心直动尖底从动件盘形凸轮机构的运动过程

所谓从动件的运动规律，是指从动件的位移 s、速度 v、加速度 a 与凸轮转角 φ 变化的规律。它们全面地反映了从动件的运动特性及其变化的规律性。从动件的运动规律较多，下面以直动从动件盘形凸轮机构为例，介绍几种常用的运动规律。

（一）等速运动规律

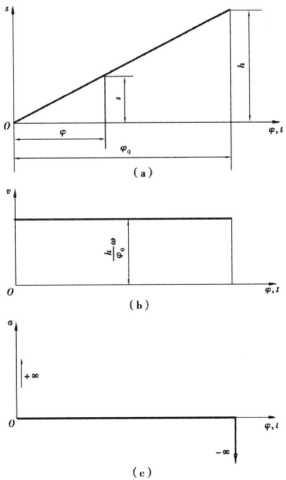

图 2-7　等速运动规律

　　从动件运动的速度为常数时的运动规律，称为等速运动规律。这种运动规律，从动件的位移 s 与凸轮的转角 φ 成正比。其推程运动的位移线图如图 2-7（a）所示。从动件运动时速度保持常数，但在行程始末两端速度有突变 [见图 2-7（b）]，加速度在理论上应有从 $+\infty$ 到 $-\infty$ 的突变 [见图 2-7（c）]，因而会产生非常大的惯性力，导致机构的剧烈冲击。这种冲击称为刚性冲击。因此，若单独采用此运动规律，仅适用于低速轻载的场合。

（二）等加速等减速运动规律

　　从动件在一个行程中，先作等加速运动，后作等减速运动，且通常加速度与减速度的绝对值相等。这样的运动规律，称为等加速等减速运动规律。其推程运动线图如图 2-8 所示。这种运动规律的速度曲线是连续的，不会产生刚性冲击。但在如图 2-8（c）的加速度曲线中，A，B，C 三处加速度存在有限突变，使从动件的惯性力也随之发生

段

突变，从而与凸轮轮廓之间产生一定的冲击。这种冲击称为柔性冲击，它比刚性冲击要小得多。因此，此运动规律一般可用于中速轻载的场合。

当用图解法设计凸轮轮廓时，通常需要绘制从动件的位移曲线。其作图方法如下：

①取角度比例尺 μ_φ[单位：（°）/mm] 和长度比例尺 μ_l。在 φ 轴上截取线段 O_4 代表 $\varphi_0/2$，过点 4 作 φ 轴的垂线，并在该垂线上截取 4′ 代表 $h/2$（先作前半部分抛物线）。过 4′ 点作 φ 轴的平行线。

②将左下方矩形的 $\varphi_0/2$ 和 $h/2$ 等分成相同的份数，得 1，2，3，4，以及 1′，2′，3′，4′（见图中为 4 等分）。

③将坐标原点 O 分别与点 1′，2′，3′，4′ 相连，得连线 $O_1′$，$O_2′$，$O_3′$ 和 $O_4′$。再过点 1，2，3，4 分别作纵坐标（s 轴）的平行线，它们与连线 $O_1′$，$O_2′$，$O_3′$ 和 $O_4′$ 分别相交于 1″，2″，3″ 和 4″。

④将点 O，1″，2″，3″，4″ 连成光滑的曲线，即等加速运动的位移曲线。可以证明，该曲线为一条抛物线。后半段等减速运动规律位移曲线的画法与上述步骤相类似，只是弯曲方向反过来，如图 2-8（a）所示。

（三）余弦加速度运动规律

从动件运动时，其加速度是按余弦规律变化的，这种运动规律称余弦加速度运动规律，也称简谐运动规律。其推程运动线图如图 2-9 所示。这种运动规律在行程的始末两点加速度发生有限突变 [见图 2-9（c）]，故也会引起柔性冲击。因此，在一般情况下，它也仅适用于中速中载的场合。当从动件作"升—降—升"运动循环时，若在推程和回程中，均采用此运动规律，则可获得包括始末点的全程光滑连续的加速度曲线。在此情况下，不会产生冲击，故可用于高速场合。

这种运动规律的位移曲线的作法如下（见图 2-9）：

①设选取度比例尺 μ_φ 在横坐标轴上作出推程运动角 φ_0，并将它分成若干等分（图 2-9 中为 6 等分），过各分点作铅垂线。

②选取长度比例尺 μ_l，在纵坐标轴上截取 O_6 代表从动件行程 h。以 O_6 为直径作一半圆，将半圆周分成与 φ_0 相同的等分数。

③过半圆周上各等分点作水平线，这些线与步骤①中所作的对应铅垂线分别交于点 1′，2′，…，6′。

④将点 1′，2′，…，6′ 连成光滑的曲线，此曲线即所要求的余弦加速度运动规律的位移曲线。

以上 3 种常用运动规律的运动方程见表 2-1。

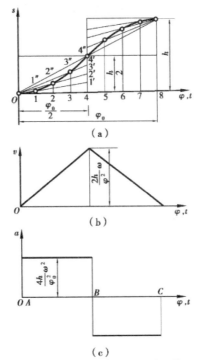

图 2-8　等加速等减速运动规律

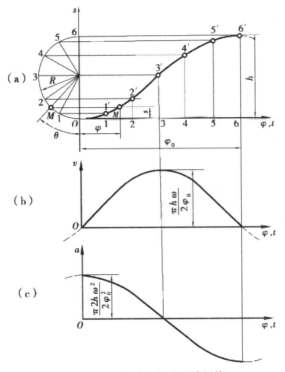

图 2-9　余弦加速度运动规律

表 2-1　3 种常用运动规律的运动方程

运动规律	运动方程	
	推程 $0° \leqslant \varphi \leqslant \varphi_0$	回程 $0° \leqslant \varphi' \leqslant \varphi'_0$
等速运动	$s=(h/\varphi_0)\varphi$	$s=h-(h/\varphi')/\varphi'$
	$v=hw/\varphi_0$	$v=-hw/\varphi'$
	$a=0$	$a=0$
等加速、等减速运动	$0 \leqslant \varphi \leqslant \varphi_0/2$	$0 \leqslant \varphi' \leqslant \varphi'_0/2$
	$s=(2h/\varphi_0^2)\varphi^2$	$s=h-(2h/\varphi'^2_0)\varphi'^2$
	$v=(4hw/\varphi_0^2)\varphi$	$v=-(4hw/\varphi'^2_0)\varphi'$
	$a=4hw^2/\varphi^2$	$a=-4hw^2/\varphi'^2_0$
	$\varphi_0/2 < \varphi \leqslant \varphi_0$	$\varphi'/2\varphi' \leqslant \varphi'_0$
	$s=h-2h(\varphi_0-\varphi)^2/\varphi_0^2$	$s=2h(\varphi'_0-\varphi')^2/\varphi'^2$
	$v=4hw(\varphi_0-\varphi)/\varphi_0^2$	$v=-4hw(\varphi'_0-\varphi')/\varphi'^2_0$
	$a=-4hw^2/\varphi_0^2$	$a=4hw^2/\varphi'^2_0$
余弦加速度运动（简谐运动）	$S=h/2[1-cos(\pi\varphi/\varphi_0)]$	$s=h/2[1+cos(\pi\varphi'/\varphi'_0)]$
	$v=(hw/2\varphi_0)sin(\pi\varphi/\varphi_0)$	$v=-(\pi hw/2\varphi'_0)sin(\pi\varphi'/\varphi'_0)$
	$a=(\pi^2hw^2/2\varphi_0^2)cos(\pi\varphi/\varphi_0)$	$a=-(\pi^2hw^2/2\varphi'^2_0)cos(\pi\varphi'/\varphi'_0)$

三、图解法设计盘形凸轮的轮廓曲线

（一）反转法原理

如图 2-10 所示为对心直动尖底从动件盘形凸轮机构。当凸轮以等角速度 ω 沿逆时针方向转动时，从动件按一定的运动规律作直线运动。现假设给该机构加上一公共角速度 $-\omega$ 绕凸轮轴心转动，这时凸轮与从动件的相对运动关系仍保持不变，但凸轮在定参考系里静止不动，而从动件一方面连同导路以 $-\omega$ 的角速度绕轴心 O 转动，另一方面沿导路按给定的运动规律作直线移动。从动件在这种复合运动中，其尖底的运动轨迹即欲设计凸轮的轮廓曲线。这便是设计凸轮轮廓线的反转法。

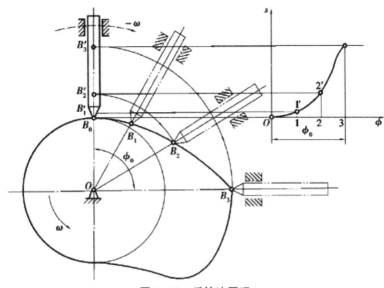

图 2-10　反转法原理

（二）直动从动件盘形凸轮轮廓的设计

1. 对心尖底直动从动件盘形凸轮机构

如图 2-11 所示，已知从动件的运动规律如图 2-11 所示；凸轮以等角速度 ω 按顺时针方向转动，基圆半径为 r_b。其设计步骤如下：

①取与位移曲线相间的比例尺 μ_l 画出基圆和从动件尖底离轴心 O 最近时从动件的初始位置；如图 2-11 所示，从动件与凸轮轮廓在 B_0（C_0）点接触。

②在基圆上自 C_0 开始，沿一切方向量取推程运动角（180°）、远休止角（30°）、回程运动角（90°）及近休止角（60°），并将推程运动角和回程运动角各分成若干等分，得 C_1，C_2，…，C_9。

③过凸轮轴心 O 和上述各等分点作射线 OC_1，OC_2，…，OC_9，这些射线便是反转后从动件移动导路中线。

④在各射线 OC_1，OC_2，…，OC_9 上从基圆开始向外分别量取位移量 $C_1B_1=11'$，$C_2B_2=22'$，…，$C_9B_9=99'$ 于是得 B_1，B_2，…，B_9 各点。

⑤将 B_0，B_1，B_2，…，B_9 各点连接成光滑的曲线（B_4 与 B_5 之间及 B_9 与 B_0 之间均为以 O 为圆心的圆弧），此曲线即所求的凸轮轮廓曲线。

2. 对心滚子直动从动件盘形凸轮机构

为了便于与尖底从动件进行比较，仍采用上述已知条件，只是在从动件的底部加上一个半径为 r_T 的滚子。

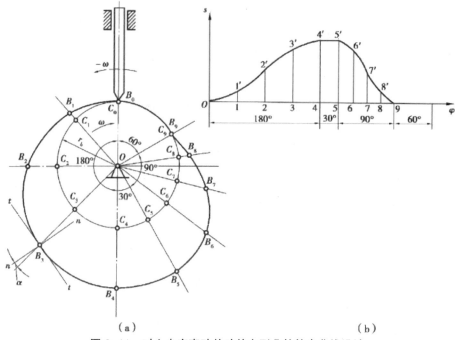

（a）　　　　　　　　　　　　　　　（b）

图 2-11　对心尖底直动从动件盘形凸轮轮廓曲线设计

由图 2-12 可知，用反转法使凸轮停止转动后，从动件的滚子将始终与凸轮轮廓 η' 相接触，而滚子中心将描出一条曲线 η。这条曲线 η 与凸轮轮廓 η' 在法线方向的距离处处都等于滚子半径 r_T。因此，曲线 η 是凸轮轮廓 η' 的法向等距曲线。通常把与从动件直接接触的凸轮轮廓 η' 称为凸轮的实际轮廓曲线，而把 η 称为凸轮的理论轮廓曲线。由于滚子中心是从动件上的一个固定点。因此，它的运动就代表了从动件的运动。于是，理论曲线 η 可理解为以滚子中心作为尖底从动件的尖底时，所得到的凸轮轮廓曲线。

根据上述分析，滚子从动件盘形凸轮轮廓的设计步骤如下：

①将滚子中心视为尖底从动件的尖底，按上述尖底从动件凸轮轮廓的作图方法，画出理论廓线 η。

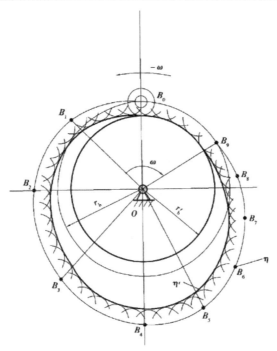

图 2-12　滚子从动件盘形凸轮轮廓曲线的设计

②以理论廓线 η 上各点为圆心，画出一系列滚子圆，然后作这一系列滚子圆的内包络线 η'，则 η' 就是所要设计的滚子从动件盘形凸轮的实际轮廓曲线。

其他常见的还有偏置尖底直动从动件盘形凸轮机构、对心平底直动从动件盘形凸轮机构、摆动从动件盘形凸轮机构等的凸轮轮廓设计。其基本设计原理仍为反转法，如图 2-13 ~ 2-15 所示。图 2-13 中的 e 称为偏距；图 2-14 中的 b' 和 b'' 为从动件平底左右两侧距导路最远的两个切点，为保证在所有位置上平底都能与凸轮轮廓相切，一般取平底的长度 L 为

$$L=2L_{max}+（5\sim7）\,mm$$

式中 L_{max}——b' 和 b'' 中的较大者。

欲具体了解上述 3 种凸轮机构凸轮轮廓的设计步骤和方法可详见相关资料，这里不再赘述。

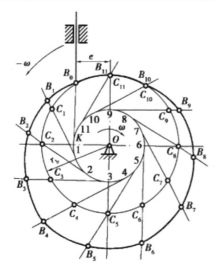

图 2-13　偏置尖底直动从动件盘形凸轮轮廓曲线设计

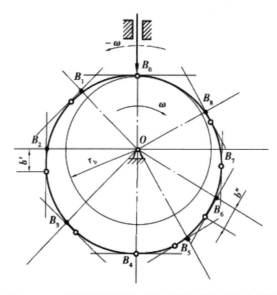

图 2-14　对心平底直动从动件盘形凸轮轮廓曲线设计

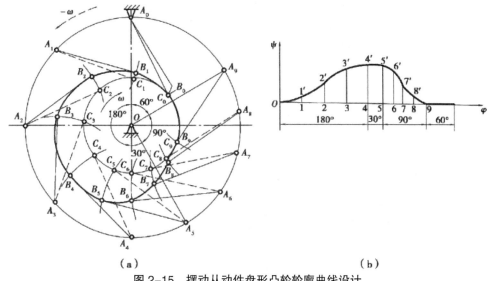

（a）　　　　　　　　　　　　　　　　　（b）

图 2-15　摆动从动件盘形凸轮轮廓曲线设计

四、凸轮机构设计中的几个问题

（一）滚子半径的选择

在设计滚子从动件盘形凸轮轮廓线时，对外凸的凸轮轮廓线，若滚子半径 r_T 过大，则会导致实际廓线变尖或交叉，如图 2-16（b）、图 2-16（c）所示。其实际廓线曲率半径 ρ' 等于理论廓线曲率半径 ρ 与滚子半径 r_T 之差，即

$$\rho' = \rho - r_T$$

由上式可知，当 $\rho > r_T$［见图 2-16（a）］时，$\rho' > 0$，实际廓线为一光滑连续的曲线；当 $\rho = r_T$［见图 2-16（b）］时，$\rho' = 0$，实际廓线可形成一尖点，极易磨损；当 $\rho < r_T$［见图 2-16（c）］时，$\rho' < 0$，实际廓线将交叉成一小曲边三角形，在加工时此部分将被切掉,致使从动件在该处达不到预期的运动规律，即从动件将出现运动失真的现象，为避免上述失真现象，应保证实际廓线最小曲率半径 ρ'_{min} 满足

$$\rho'_{min} = \rho'_{min} - r_T > 3mm$$

即

$$\rho_{min} > r_T + 3mm$$

若 ρ_{min} 不能满足上式，则应适当增大基圆半径重新设计，或在滚子结构允许的情况下，适当减小滚子半径 r_T 重新设计实际廓线，直到满足上式为止。

对内凹的凸轮轮廓线［见图 2-16（d）］，实际廓线的曲率半径 $\rho' = \rho + r_T$，故无论滚子半径大小如何，其实际廓线均可做出。

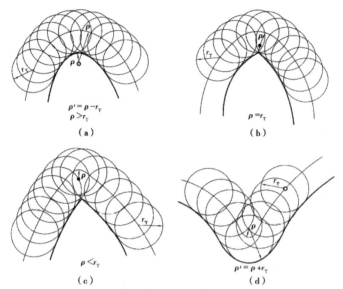

图 2-16　滚子半径对实际廓线的影响

（二）压力角的校核

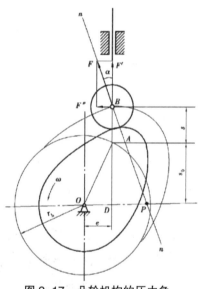

图 2-17　凸轮机构的压力角

在如图 2-17 所示的凸轮机构中，凸轮和从动件在 A 点接触。在不计摩擦力时，从动件的法向力 F 与从动件上该力作用点的速度 v 之间所夹的锐角 α，称为从动件在该位置的压力角，也称凸轮机构的压力角。

由图 2-17 可知，推动从动件运动的有效分力 F' 和阻碍从动件运动的有害分力 F'' 大小分别为

$$F' = F\cos\alpha$$

$$F'' = F\sin\alpha$$

当 $\alpha=0$ 时，$F'=F$，从动件受力情况最好；当 $\alpha=90°$ 时，$F'=0$，从动件将发生自锁。实际上，由于摩擦力的存在，当 α 接近 $90°$ 时就会发生自锁。α 的大小对从动件的运动有直接的影响，一般应对 α_{max} 有一定的限制，即 $\alpha_{max} \leqslant [\alpha]$。

当从动件的运动规律和偏心距确定后，加大 r_b，可减小 α，从而改善机构的传力性能，但机构的总体尺寸将增大。为使机构既有较好的传力性能，又有较紧凑的结构尺寸，在设计时，通常要求在压力角 α 不超过许用值 $[\alpha]$ 的原则下，尽可能采用较小的基圆半径。当凸轮机构的最大压力角 $\alpha_{max}=[\alpha]$ 时，基圆半径称为最小基圆半径。

（三）基圆半径的选择

在从动件运动规律已知的情况下，可根据许用压力角用图解法或解析法来确定基圆半径，但这些方法较复杂。对从动件几种常用的运动规律，工程中已求出了最大压力角与基圆半径的对应关系，并绘制了诺模图，如图 2-18 所示。这种图有两种用法，既可根据许用压力角近似地确定凸轮的最小基圆半径，也可根据所选的基圆半径来校核最大压力角是否超过了许用值。

下面通过一个具体的例子来说明诺模图的用法。

例 2.1 一对心尖底直动从动件盘形凸轮机构，要求凸轮推程运动角 $\varphi_0=45°$，从动件在推程时，按余弦加速度运动。其行程 $h=13\text{mm}$，凸轮机构的许用压力角 $[\alpha]=30°$，试用诺模图确定凸轮的最小基圆半径。

解：①根据从动件的运动规律，选用如图 2-18（b）所示的诺模图。

②将图 2-18（b）中位于上半圆标尺为 $\varphi_0=45°$ 和下半圆 $\alpha_{max}=30°$ 的两点以虚线相连，如图 2-18（b）所示的虚线。

③由虚线与汀弦加速度运动规律标尺的交点求得

$$\frac{h}{r_b} = 0.35$$

由此可得

$$r_b = \frac{h}{0.35} = \frac{13}{0.35}\text{mm} \approx 37\text{mm}$$

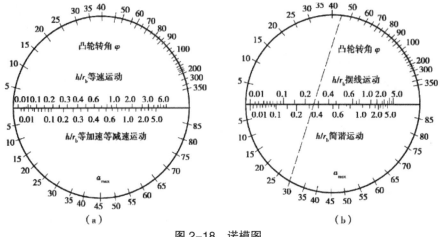

图 2-18　诺模图

第二节　螺旋机构

在机械中，除前面讨论过的凸轮机构，以及后述章节介绍的齿轮机构、平面连杆机构外，还经常会用到如螺旋机构和间歇运动机构等类型繁多、功能各异的机构。间歇运动机构是主动件作连续运动，从动件作周期性间歇运动的机构。棘轮机构与槽轮机构是机械中最常用的间歇运动机构。此外，在现代机械中，还广泛应用利用液、气、声、光、电、磁等工作原理的机构，它们统称广义机构。

螺旋机构由螺杆、螺母和机架组成（一般把螺杆和螺母之一作为机架）。其主要功用是将旋转运动变换为直线运动，并同时传递运动和动力。它是机械设备和仪器仪表中广泛应用的一种传动机构。

螺杆与螺母组成低副，粗看似乎有转动和移动两个自由度，但因转动与移动之间存在必然联系，故它仍只能视为一个自由度。

按用途和受力情况，螺旋机构可分为传递运动、传递动力和用于调整三种类型；按螺旋副的摩擦性质，螺旋机构可分为滑动螺旋机构、滚动螺旋机构和静压螺旋机构三种类型。

螺旋机构具有结构简单、工作连续平稳、传动比大、承载能力强、传递运动准确、易实现自锁等优点，故应用广泛。

螺旋机构的缺点是摩擦损耗大、传动效率低。随着滚珠螺纹的出现，这些缺点已得到较大的改善。

一、螺纹的基本知识

螺纹的基本几何形状是螺旋线。如图 2-19 所示，将一底边长等于 πd_2 的直角三角形绕在直径为 d_2 的圆柱体上。三角形斜边在圆柱体表面形成的空间曲线，称为螺旋线。在圆柱体表面用不同形状的刀具沿螺旋线切制出的沟槽，即形成螺纹。

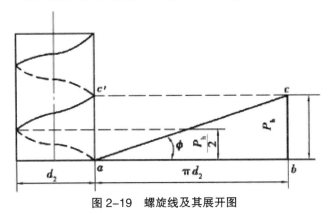

图 2-19　螺旋线及其展开图

在圆柱体外表面上加工出的螺纹，称为外螺纹，如螺杆；在圆柱体内表面上加工出的螺纹，称为内螺纹，如螺母。由内外螺纹旋合而成的运动副，即螺旋副。

根据螺旋线的旋向，螺纹可分为左旋和右旋。一般常用右旋螺纹。其旋向的判别方法是：将圆柱体竖直，螺旋线左低右高（向右上升）为右旋，如图 2-20（a）所示；反之，则为左旋，如图 2-20（b）所示。

螺纹的主要参数如图 2-21 所示。

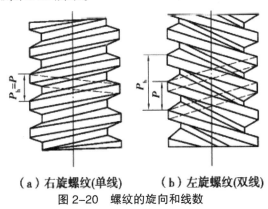

（a）右旋螺纹(单线)　　　（b）左旋螺纹(双线)

图 2-20　螺纹的旋向和线数

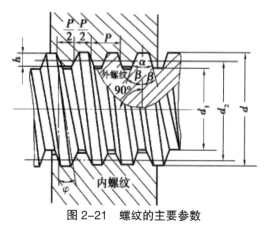

图 2-21 螺纹的主要参数

1. 大径 (d，D)

螺纹的最大直径，标准中规定为螺纹的公称直径。外螺纹记为 d，内螺纹记为 D。

2. 小径 (d_1，D_1)

螺纹的最小直径，螺纹强度计算时的危险截面直径。外螺纹记为 d_1，内螺纹记为 D_1。

3. 中径 (d_2，D_2)

介于大小径圆柱体之间、螺纹的牙厚与牙间宽相等的假想圆柱体的直径。它是确定螺纹几何参数和配合性质的直径。外螺纹记为 d_2，内螺纹记为 D_2。

4. 线数 n

螺纹的螺旋线数目，也称头数。它可分为单线、双线和三线等。如图 2-20（b）所示为双线螺纹。

5. 螺距 P

螺纹上相邻两牙在中径线上对应两点之间的轴向距离。

6. 导程 P_h

同一条螺旋线上相邻两牙在中径线上对应点之间的轴向距离。对单线螺纹，$P_h=P$；对多线螺纹，$P_h=nP$。

7. 螺纹升角 φ

在中径圆柱上，螺旋线的切线与垂直于螺纹轴线的平面之间的夹角，用来表示螺旋线倾斜的程度。螺纹升角 φ 与相关参数的关系为

$$\varphi = \arctan\left(\frac{P_h}{\pi d_2}\right) = \arctan\left(\frac{nP}{\pi d_2}\right)$$

8. 牙形角 α

在轴向剖面内螺纹牙型两侧边的夹角。其侧边与轴线的垂线间的夹角 β，称为牙侧角。常用的螺纹牙型有三角形、矩形、梯形及锯齿形等，如图 2-22 所示。三角形螺纹也称普通螺纹，其 α=60°。

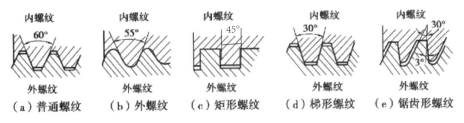

图 2-22　螺纹的牙型及牙型角度

二、螺旋机构的传动效率和自锁

（一）传动效率

螺旋机构的传动效率 η 为螺母转动一周时，有效功与输入功之比，即

$$\eta = \frac{\tan \varphi}{\tan \left(\varphi + \rho_v \right)} \qquad (2\text{-}1)$$

式中　φ——螺纹升角；

ρ_v——摩擦角；

$\rho_v = \arctan f_v$，$f_v = f/\cos\beta$ 为当量摩擦因数。

各种螺纹的 f_v 如下：

矩形螺纹 $\alpha=0°$　　　　　　$f_v=f$

锯齿形螺纹 $\alpha=33°$　　　　$f_v=1.001f$

梯形螺纹 $\alpha=30°$　　　　　$f_v=1.035f$

普通螺纹 $\alpha=60°$　　　　　$f_v=1.155f$

f 为螺旋副材料的摩擦因数，例如：

钢对钢 $f=0.11 \sim 0.17$

钢对铜 $f=0.08 \sim 0.10$

钢对铸铁 $f=0.12 \sim 0.15$

由式（2-1）可知，在一定工作范围内，φ 越大，则 η 越高；ρ_v 越大（即 f_v 越大），则 η 越低。

因此，对传动用螺旋机构，螺纹牙型的选择直接影响其传动效率。一般常用矩形、梯形螺纹。

（二）自锁条件

螺纹副被拧紧后，如不加反向外力矩，则无论轴向载荷多大，也不会自动松开。此现象称为螺旋副的自锁性能。其自锁条件为

$$\varphi \leqslant \rho_v$$

对传力螺旋机构和连接螺纹，都要求螺纹具有自锁性能，如螺旋千斤顶、螺旋式压力机等。因普通螺纹的当量摩擦角最大，故自锁性能最好。不难证明，当 $\varphi \leqslant \rho_v$ 时，$\eta < 50\%$。

三、滑动螺旋机构

按螺杆上螺旋副的数目，滑动螺旋机构可分为单螺旋机构和双螺旋机构两种。

（一）单螺旋机构

由一个螺杆和一个螺母组成。根据螺杆和螺母相对运动的组合，单螺旋机构有 4 种基本传动形式。其传动形式及特点见表 2-2。

表 2-2　单螺旋机构基本传动形式及特点

基本传动形式		示意图	特点和应用
1	螺母固定、螺杆传动并轴向移动		可获得较高的传动精度，适合于形成较小的场合，如千斤顶、压力机、台虎钳
2	螺杆固定、螺母转动并轴向移动		结构简单、紧凑，但精度较差，使用不便，应用较少
3	螺母转动、螺杆轴向移动		结构较复杂，用于仪器调节机构，如螺旋千分尺的微调机构
4	螺杆转动、螺母轴向移动		结构紧凑、刚性好，适用于形成较大的场合，如车床的丝杠进给机构

注：移动方向判定，左（右）手定则——四指握向代表转动方向，拇指指向代表移动方向。右旋螺纹用右手定则，左旋螺纹用左手定则。

由表 2-2 可知，无论是哪一种传动形式的单螺旋机构，其螺杆或螺母的移动方向均可由左（右）手定则判定。移动速度 v（单位：mm/s）的大小可计算为

$$v = \frac{nP_h}{60}$$

式中　　n——主动件转速，r/min；

　　　　P_h——导程，mm。

（二）双螺旋机构

在双螺旋机构中，一个具有两段不同螺纹的螺杆与两个螺母分别组成两个螺旋副。通常将两个螺母中的一个固定，移动（只能移动不能转动）另一个，并以螺杆为转动主动件。如图 2-23 所示，设螺杆 3 上螺母 1 与 2 两处螺纹的导程分别为 P_{h_1}，P_{h_2}。

根据两螺旋副的旋向组合，双螺旋机构可形成以下两种传动形式。

1. 差动螺旋机构

当两螺旋副中的螺纹旋向相同时，则形成差动螺旋机构。图 2-23 中，若两处螺纹均为右旋，且 $P_{h_1} > P_{h_2}$。当螺杆转动一周时，螺杆将右移 P_{h_1}，同时带动螺母 2 右移 P_{h_1}；但对移动螺母 2，螺杆的转动将使螺母 2 相对螺杆左移 P_{h_2}，则螺母 2 的绝对位移为右移 $P_{h_1} - P_{h_2}$。因此，当螺杆转过 φ 角时，移动螺母相对机架的位移 s 为

$$s = \frac{\left(P_{h_1} - P_{h_2}\right)\varphi}{2\pi} \tag{2-2}$$

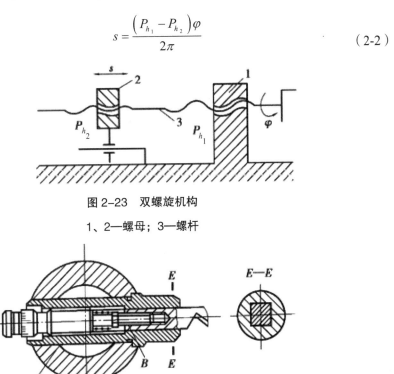

图 2-23　双螺旋机构

1、2—螺母；3—螺杆

图 2-24　微调镗刀

由式（2-2）可知，当 P_{h_1} 和 P_{h_2} 相差很小时，位移 s 可很小。利用这一特性，可将差动螺旋机构应用于各种微动装置中，如测微器、分度机构、精密机械进给机构及精密加工刀具等。如图 2-24 所示为应用差动位移螺旋机构的微调镗刀。

2. 复式螺旋机构

当两螺旋副中的螺纹旋向相反时，则形成复式螺旋机构。同理可知，复式螺旋机构中，移动螺母相对机架的位移 s 为

$$s = \frac{\left(P_{h_1} + P_{h_2}\right)\varphi}{2\pi}$$

复式螺旋机构中的螺母能产生很大的位移，可应用于需快速移动或调整的装置中，故称倍速机构。实际应用中，如要求两构件同步移动，只需使 $P_{h_1} = P_{h_2}$ 即可。如图 2-25 所示的电杆线张紧器就是倍速机构。张紧器与拉线上段由螺母 A 连接，下段由螺母 B 连接。显然，为能迅速拉紧及放松拉线，A，B 螺母的旋向应相反。如图 2-26 所示弹簧圆规的开合机构也是倍速机构。

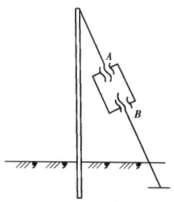

图 2-25 电杆线张紧器

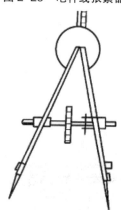

图 2-26 弹簧圆规

四、滚动螺旋机构

上述滑动螺旋机构，其螺杆与螺母螺旋面间的摩擦为滑动摩擦，故摩擦损耗大、磨损严重、传动效率低。为提高传动效率和传动精度，可在螺杆和螺母的螺旋面上制出弧形螺旋槽，在螺旋副之间形成滚道，并放入钢球，成为滚动摩擦式的螺旋机构，称为滚动螺旋机构。如图 2-27 所示为钢球滚动螺旋机构。由内外螺旋滚道 1 与 3 和钢球 2 组成。这种机构已广泛运用于数控机床进给机构、汽车的转向机构及飞机起落架机构中。其缺点是结构复杂、不能自锁、抗冲击能力差。

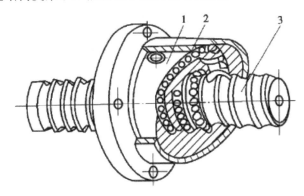

图 2-27　钢球滚动螺旋机构

1—内螺旋滚道；2—钢球；3—外螺旋滚道

第三节　棘轮机构

一、棘轮机构的组成及其特性

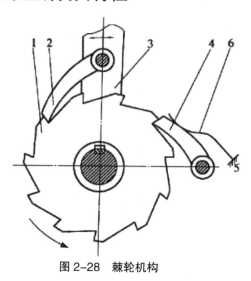

图 2-28　棘轮机构

1—棘轮；2—主动棘爪；3—主动摆杆；4—止回棘爪；5—机架；6—弹簧

如图 2-28 所示为常见的外啮合轮齿式棘轮机构。它主要由棘轮 1、主动棘爪 2、止回棘爪 4 及机架 5 组成。当主动摆杆 3 逆时针摆动时，摆杆上铰接的主动棘爪 2 插入棘轮 1 的齿内，推动棘轮同向转动一定角度。当主动摆杆顺时针摆动时，止回棘爪 4 阻止棘轮反向转动，此时主动棘爪 2 在棘轮的齿背上滑过，棘轮静止不动，从而实现将主动件的往复摆动转换为从动棘轮的间歇转动。为保证棘爪工作可靠，常利用弹簧 6 使止回棘爪紧压齿面。

棘轮机构结构简单，制造方便，运动可靠，且转角大小可调，但传动平稳性差，工作时有噪声。因此，它仅适于低速、轻载和转角不大的场合。

二、棘轮转角的调节方法

常用的棘轮转角调节方法有以下两种。

（一）改变摇杆摆角的大小来调节棘轮的转角

如图 2-29 所示的棘轮机构是利用曲柄摇杆机构来带动棘爪 1 作往复摆动的。转动调节丝杠 2 即可改变曲柄的长度 r。当减小曲柄长度时，摇杆和棘爪 1 的摆角便会相应地减小，因而棘轮 3 的转角也会减小；反之，棘轮 3 的转角就会增大。

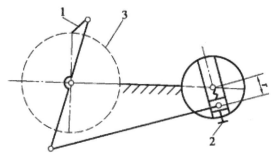

图 2-29 曲柄摇杆机构调节棘轮的转角

1-棘爪；2-调节丝杠；3-棘轮

（二）利用遮板来调节棘轮的转角

如图 2-30 所示，在棘轮 2 的外面罩遮板 1（遮板不随棘轮一起运动）。变更遮板 1 的位置，可使棘爪 3 行程的一部分在遮板上滑过，不与棘轮 2 的轮齿接触，从而改变棘轮转角的大小。

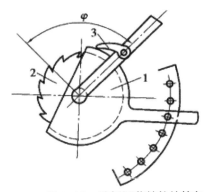

图 2-30 遮板调节棘轮的转角

1—遮板；2—棘轮；3—棘爪

三、棘轮机构的应用

（一）间歇送进

如图 2-31 所示为牛头刨床工作台送进机构。主动曲柄 3 作等速转动，通过连杆 4 使摇杆 5 和棘爪作往复摆动，棘爪推动棘轮 6，使其与相固联的进给丝杠 7 作间歇转动，从而使工作台作横向间歇进给运动。

（二）制动

如图 2-32 所示为启动设备中的棘轮制动器。正常工作时，卷筒逆时针转动，棘爪 2 在棘轮 1 齿背上滑过。当突然停电或原动机出现故障时，卷筒在重物 W 的作用下有顺时针转动的趋势。此时，棘爪 2 与棘轮 1 啮合，阻止卷筒逆转，起制动作用。

（三）超越

如图 2-33 所示为自行车后轴上的超越式棘轮机构。当脚蹬踏板时，经链轮 1 和链条 2 带动内圈具有棘齿的链轮 3 顺时针转动。再由棘爪 4 带动后轮轴 5 顺时针转动，从而驱使自行车前进。当自行车下坡或歇脚休息时，踏板不动，后轮轴 5 借助下滑力或惯性超越链轮 3 而转动。棘爪 4 在棘轮齿背上滑过，产生从动件转速超过主动件转速的超越运动，从而实现不蹬踏板的滑行。

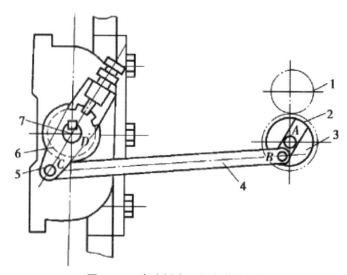

图 2-31　牛头刨床工作台送进机构

1，2—齿轮；3—主动曲柄；4—连杆；5—摇杆；6—棘轮；7—进给丝杠

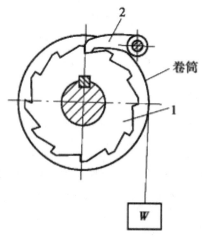

图 2-32　棘轮制动器

1-棘轮；2-棘爪

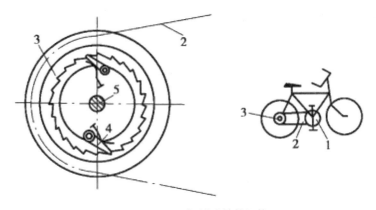

图 2-33　超越式棘轮机构

1，3—链轮；2—链条；4—棘爪；5—后轮轴

第四节　槽轮机构

一、槽轮机构的组成和工作原理

如图 2-34 所示，槽轮机构由带有圆销 A 的拨盘 1、具有径向槽的槽轮 2 及机架组成。拨盘 1 为主动件，槽轮 2 为从动件。当主动拨盘 1 逆时针作等速连续转动，而圆销 A 未进入径向槽时，槽轮因其内凹的锁止弧 efg 被拨盘外凸的锁止弧 abc 锁住而静止；当圆销 A 开始进入径向槽时，abc 弧和 efg 弧脱开，槽轮 2 在同销 A 的驱动下顺时针转动，当圆销 A 开始脱离径向槽时 [见图 2-34（b）]，槽轮因另一锁止弧又被锁住而静止，从而实现从动槽轮的单向间歇转动。

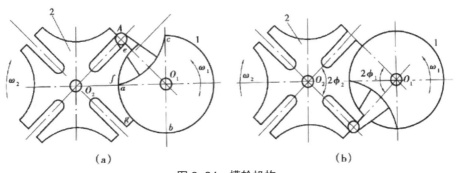

图 2-34　槽轮机构

1—拨盘；2—槽轮

二、槽数与圆销数对槽轮机构运动关系的影响

在如图 2-34 所示的外槽轮机构中，当主动拨盘 1 转一周时，从动槽轮 2 的运动时间 t_2 与主动拨盘 1 的运动时间 t_1 之比，称为该槽轮机构的运动因数，用 τ 表示，即

$$\tau = \frac{t_2}{t_1}$$

因主动拨盘 1 通常为等速转动，故上述时间的比值可用拨盘转角的比值表示。对如图 2-34 所示的单圆销外槽轮机构，时间 t_2 与 t_1 所对应的转角分别为 $2\varphi_1$ 与 2π，故

$$\tau = \frac{t_2}{t_1} = \frac{2\varphi_1}{2\pi} \tag{2-3}$$

为了避免槽轮 2 在启动和停歇时产生刚性冲击，圆销 A 进入和退出径向槽时，径向槽的中心线应切于圆销中心的运动圆周。因此，由图 2-34（b）可知，对应于槽轮每转过 $2\varphi_2=2\pi/z$ 角度，主动拨盘的转角为

$$2\varphi_1 = \pi - 2\varphi_2 = \pi - \frac{2\pi}{z} \tag{2-4}$$

将式（2-4）代入式（2-3），可得槽轮机构的运动因数为

$$\tau = \frac{t_2}{t_1} = \frac{2\varphi_1}{2\pi} = \frac{\pi - \frac{2\pi}{z}}{2\pi} = \frac{z-2}{2z} = \frac{1}{2} - \frac{1}{z}$$

因运动因素 τ 应大于零，故由上式可知，外槽轮径向槽的数目 z 应大于 2。从上式还可知，τ 总是小于 0.5，这说明在这种槽轮机构中，槽轮的运动时间总小于其静止时间。

若欲使 $\tau \geq 0.5$，即让槽轮的运动时间大于其停歇时间，可在拨盘上安装多个销。设均匀分布的圆销数为 K，且各圆销中心离拨盘中心 O_1 等距，则运动因素 τ 为

$$\tau = \frac{K(z-2)}{2z}$$

因 τ 应小于 1，故

$$K < \frac{2z}{z-2}$$

由上式可知，圆销数目 K 的选择与槽轮的槽数 z 有关。因 K 和 z 只能为整数，故当 $z=3$ 时，$K < 6$，K 可取 1～5；当 $z=4$ 或 $z=5$ 时，K 可取 1～3；当 $z > 6$ 时，K 可取 1 或 2。

三、槽轮机构的特点与应用

槽轮机构具有结构简单、制造容易、工作可靠等优点。但在工作时，有柔性冲击，且随着转速的增加及槽轮槽数 z 的减小而加剧。又因为槽轮的转角大小不能调节，故槽轮机构一般应用在转速较低且要求间歇转动的场合。如图 2-35 所示为槽轮机构在电影放映机中的应用，槽轮机构使电影胶片间歇地移动。

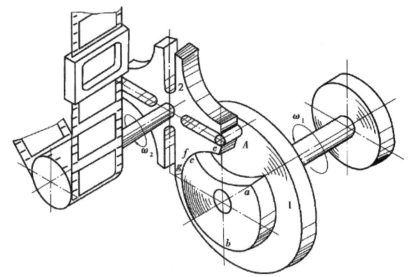

图 2-35　电影放映机槽轮机构
1—槽轮；2—拨盘

第五节　不完全齿轮机构

一、不完全齿轮机构的组成及工作原理

不完全齿轮机构是由普通齿轮机构演变而成的间歇运动机构。它与普通齿轮机构的区别在于其轮齿没有布满整个圆周。在如图 2-36 所示的外啮合不完全齿轮机构中，当主动轮 1 作连续转动时，从动轮 2 作间歇运动。当从动轮 2 处于间歇位置时，从动轮上的锁止弧 S_2 与主动轮上的锁止弧 S_1 相互配合，以保证从动轮停歇在确定的位置上。

二、不完全齿轮机构的特点和应用

不完全齿轮机构与其他间歇运动机构相比，其结构简单、易于制造。同时，从动轮停歇的次数、每次停歇的时间以及每次转动的转角等参数的选择范围比棘轮机构和槽轮机构大，故较易设计。但是，不完全齿轮机构从动轮转动的起始点和终止点角速度有突变，冲击较大，故一般仅适用于低速、轻载的工作条件。

不完全齿轮机构有外啮合和内啮合两种类型，如图 2-36、图 2-37 所示。它一般多用于外啮合。不完全齿轮机构常用于自动或半自动机床的间歇转位机构、计算机构及某些间歇进给机构等。在其他自动机械中，也有较广泛的应用。

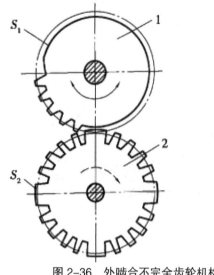

图 2-36 外啮合不完全齿轮机构

1—主动轮；2—从动轮

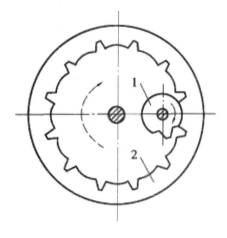

图 2-37 内啮合不完全齿轮机构

1—主动轮；2—从动轮

第六节 广义机构

在广义机构中，由于利用了一些新的工作介质或工作原理，因此，它具有比传统机构更简便地实现运动或动力转换的特点，在自动化机械中正在得到日益广泛的应用。如图 2-38 所示为机械手臂伸缩液动机构。通过电液控制，从而使机械手臂完成预定的伸缩动作。

控制机械手臂伸缩也可用电控气压缸完成，如图 2-39 所示，气缸里有两个用活塞杆连接的活塞 2；活塞杆上有两个滚子 3。星形凸轮 4 和轴 a 固定连接，星形凸轮 4 放在活塞杆的切口内，轴 a 装在壳体中，两者绕定轴 A 转动。在缸 1 的两端装有电磁阀 5 和 6，阀的线圈接入控制电路。在没有激励时，两个电磁阀使缸 1 的两个腔室和大气相通。假如激励左边的电磁阀 5 的线圈，则电磁阀 5 落下，使缸 1 的左腔室和压缩空气储气罐相通；在压缩空气压力下，活塞 2 向右移动。这时，左边的滚子 3 作用在星形凸轮 4 上，使星形凸轮 4 和轴 a 沿顺时针方向转动。转动持续到左边的滚子稳定在星形凸轮的两个突点之间时才停止。这时，右边的滚子稍低于星形凸轮的突点。当激励右边电磁阀 6 的线圈时，电磁阀使缸的右腔室和压缩储气罐相通，断开左边的电磁阀的线圈，活塞向左移动。在右边滚子 3 的作用下，星形凸轮 4 和轴 a 沿逆时针方向转动。

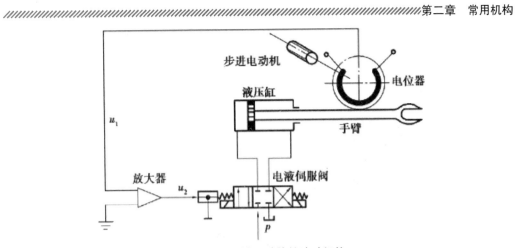

图 2-38　机械手臂伸缩液动机构

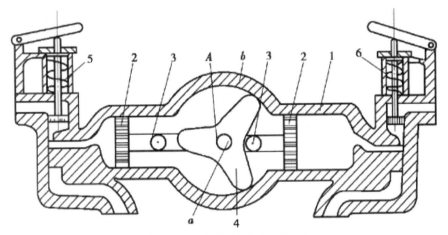

图 2-39　电控气压缸工作原理

1—缸；2—活塞；3—滚子；4—星形凸轮；5、6—电磁阀

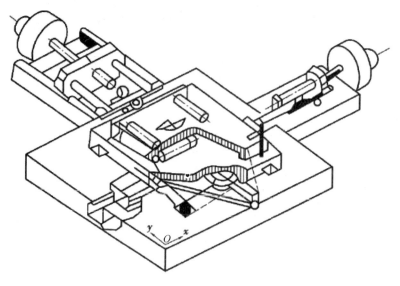

图 2-40 三自由度微动工作台

如图 2-40 所示为 x-y-O 三自由度微动工作台。它主要用于投影光刻机和电子束曝光机，粗动台行程 120mm × 120mm，速度为 100mm/s，定位精度为 ±5μm。三自由度的微动工作台被固定在粗动台上，x，y 行程为 ±8μm，定位精度为 ±0.05μm，±0.55 × 10⁻³rad。

微动工作台的原理如下：整个微动工作台面由 4 个两端带有柔性铰链的柔性杆支承，由 3 个筒状电压晶体驱动、压电器件安装在两端带有柔性铰链的支架上，支架分别固定在粗动台和微动台上，只要控制 3 个压电器件上的外加电压，便可获得 Δx，$\Delta y = (\Delta y_1 + \Delta y_2)/2$，$\Delta \theta = (\Delta y_1 - \Delta y_2)/2$ 这 3 个微动自由度。

如图 2-41 所示为声音轮机构。当音叉 1 振动时，它轮流接通电磁铁 2 和 3。当电磁铁 2 被激励时，它的两极把轮 4 的突出部 a 和 b 吸引过来，致使轮 4 绕 A 回转某一个角度；这时，突出部 c 和 d 接近电磁铁 3 的两极。如果现在接通电磁铁 3，则它的两极吸引突出部 c 和 d，轮子又在相同的方向回转。

如图 2-42 所示为光电动机原理图。其受光面一般是太阳能电池，3 只太阳能电池组成三角形，与电动机的转子结合起来。太阳能电池提供电动机转动的能量，电动机一转动，太阳能电池也跟着旋转，动力就由电动机转轴输出。由于受光面是一个连续三角形，因此，当光的入射方向改变时，也不影响启动。这样，光电动机就将光能转变成了机械能。

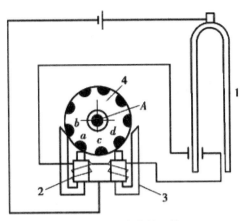

图 2-41 声音轮机构

1—音叉；2、3—电磁铁；4—轮

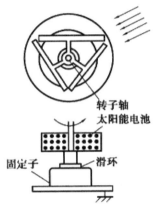

图 2-42 光电动机原理图

第三章 机械零件设计的基础知识

第一节 机械零件的常用材料及热处理

在机械制造中，零件常用的材料主要是钢和铸铁，其次是有色金属合金（铜、铝合金等）。此外，非金属材料、复合材料中的橡胶、皮革、石棉、木材、塑料、陶瓷等，在一定的场合也有应用。

一、钢

钢是含碳量小于2%的铁—碳（Fe-C）合金。钢的强度高，可以承受很大的载荷，可以轧制、锻造、冲压、铸造、焊接，可以用热处理改变其加工性能和提高其力学性能。

钢的用途极为广泛，按用途分为结构钢、工具钢和特殊钢。结构钢用于制造各种机械零件和工程结构的构件；工具钢用于制造各种刃具、模具和量具；特殊钢（如弹簧钢、滚动轴承钢、不锈钢、耐热钢、耐酸钢等）用于制造各种特定工作条件、环境下的零件。按化学成分，钢可分为碳素钢和合金钢。按含碳量钢又分为低碳钢（含碳量＜0.25%）、中碳钢（含碳量为0.25%～0.6%）和高碳钢（含碳量＞0.6%）。

（一）普通碳素结构钢

普通碳素结构钢的标记为Q235A-F，其中，Q是屈服强度"屈"字的汉语拼音音序，235表示屈服强度$\sigma_s = 235MPa$，A表示性能等级。普通碳素结构钢的性能等级分为A，B，C，D四级，A级控制最松，D级最严。按照脱氧方法，普通碳素结构钢可分为沸腾钢（F）、镇静钢（Z）、半镇静钢（B）和特殊镇静钢（TZ），对于镇静钢和特殊镇静钢，其符号Z和TZ可以省略。

（二）优质碳素结构钢

这类钢的力学性能和化学成分可同时得到保证，力学性能优于普通碳素钢，用于制造较重要的零件。优质碳素结构钢的牌号以含碳量的万分数表示，如25、45、55分别表示平均含碳量为0.25%、0.45%、0.55%。低碳钢一般用于退火状态下强度不高的零件（如螺钉、螺母）、锻件和焊接件等，还可经渗碳热处理，用于制造表面耐磨并承受冲击负荷的零件。中碳钢的综合力学性能较好，可进行淬火、调质和正火热处理，用于制造较重要的零件，如轴、齿轮等。高碳钢经热处理后，具有较高的表面硬度及强度，主要用于制造高强度的零件，如齿轮、曲轴和弹簧等。

（三）合金结构钢

合金结构钢是在碳素结构钢中加入一些合金元素而成。常用的合金元素有铬、锰、钼、镍、硅、铝、硼、钒、钛、钨等。钢中加入合金元素，目的在于改善钢的力学性能和热处理性能，并使其具有某些特殊性质，如耐磨性（加入锰、硅、铬硅、镍硅、铬锰、铬钒等）、高韧性（加入钼、镍、锰、铬钒、铬镍等）、抗蚀性（加入铬、镍等）、耐热性（加入钨、钼、铬钒等）、流动性（加入铝、钨等）等。

合金钢根据合金元素的含量划分为低合金钢（每种合金元素含量小于 2% 或合金元素总含量小于 5%）、中合金钢（每种合金元素含量为 2% ~ 5%，或合金元素总含量为 5% ~ 10%）、高合金钢（每种合金元素含量大于 5% 或合金元素总含量大于10%）。

合金结构钢的牌号采用"数字＋化学元素＋数字"的方式表示，如 60Si2Mn 是硅锰钢，前面数字表示钢中平均含碳量的万分数，化学元素符号表示合金元素，其后的数字是该元素含量的百分数。若化学元素含量小于 1.5%，其后不标数字，若平均含量大于等于 1.5%、2.5%、3.5%…，相应地以 2、3、4…表示。

对于杂质元素硫、磷含量较低的高级优质合金钢（硫 ≤ 0.02%，磷 ≤ 0.03%），则在钢牌号后加注 A，如 50CrVA。电渣重熔钢为特级优质合金钢，牌号后加注 E。

（四）铸钢

毛坯是铸造的碳素钢或合金钢称为铸钢，用 ZG 表示，如铸造碳素钢 ZG270-500、合金铸钢 $ZG_{35}SiMn$。

机械零件和结构件的毛坯种类有铸造件、锻造件、型材。其中，型材种类多，有钢板、钢带、钢管、工字钢、槽钢、角钢、圆（棒料）钢、方钢、六角钢等，有热轧、冷轧生产工艺。常用钢的性能及应用见表 3-1。

表 3-1 常用钢的性能及应用

材料		性能			应用举例
名称	牌号	抗拉强度/MPa	屈服强度/MPa	硬度/HBW	
普通碳素结构钢	Q215	355~410	215	—	金属结构件、拉杆、铆钉、心轴、垫片、焊接件、齿轮、螺钉、盖等
	Q235	375~460	235	—	
	Q255	410~510	255	—	
优质碳素结构钢	08F	295	175	131	管子、垫片、套筒等
	08	325	195	131	
	10	335	205	137	冷冲压件、连接件、套筒、螺栓、螺母、摩擦盘片等
	20	410	245	156	
	25	450	275	170	轴、辊子、联轴器、垫片、螺钉等
	35	530	315	197	轴、销、连杆、螺栓、螺母等
	40	570	335	217	轴、曲柄销、活塞杆等
	45	600	355	229	齿轮、链轮、轴、键、销等
	55	645	390	255	齿轮、凸轮等
低合金结构钢	Q345	470~630	345	—	结构件、零件、中低压容器等
	Q390	490~650	390	—	中高压锅炉、化工容器、大型船舶、桥梁、车辆、起重机及较高荷载的焊接件
	Q420	520~680	420	—	
合金结构钢	40Cr	980	785	207	重压的齿轮、连杆、螺栓、螺母、轴等
	35SiMn	885	735	229	
	30CrMo	930	785	229	
一般工程用铸钢	ZG200-400	400	200	—	机座、飞轮、联轴器、齿轮、轴承座、箱体等
	ZG230-450	450	230	—	
	ZG270-500	500	270	—	
	ZG310-570	570	310	—	
	ZG340-640	540	340	—	
低合金铸钢	ZG20Mn	500~650	300	150~190	经调质制造叶片、阀、弯头等
	ZG40Crl	630	345	212	大型高强度齿轮等

①优质碳素结构钢及合金钢的抗拉强度、屈服强度为试样毛坯尺寸 25mm 的值，硬度为交货状态值；

②碳素结构钢屈服强度为尺寸 ≤ 16mm 时的值。当尺寸 > 18 ~ 40mm，尺寸 > 40 ~ 60mm，尺寸 > 60 ~ 100mm 时，屈服强度逐段降低 10MPa。

二、铸铁

铸铁是含碳量大于 2% 的铁碳合金。工业中常用的铸铁含碳量为 2.2% ~ 3.8%。铸铁是脆性材料，不能进行碾压或锻造，但它具有良好的铸造性、切削加工性（白口铸铁除外）和抗压性，特别是耐磨性和减振性比钢好，成本比钢低，应用也很广泛，目前有的品种已部分代替钢材。

（一）灰铸铁

灰铸铁因其断口呈暗灰色而得名。其牌号由"灰铁"两字的汉语拼音音序 HT 和试样的最小抗拉强度 σ_B 值组成，如 HT200，其 $\sigma_B = 200$MPa。在各类铸铁中，灰铸铁的减振性能最好，故箱体和机座大多采用灰铸铁。

（二）球墨铸铁

球墨铸铁是在灰铸铁浇注之前，铁水中加入一定数量的球化剂（纯镁、镍镁或铜镁等合金）和墨化剂（硅铁和硅钙合金），以促进碳呈球状石墨结晶而获得。其牌号由"球铁"两字的汉语拼音音序 QT 和最低抗拉强度及最低伸长率两组数字组成，如 QT500-7，其 $\sigma_B = 500$MPa，伸长率 $\delta = 7\%$。

此外，还有性能介于灰铸铁和球墨铸铁之间的蠕墨铸铁，经白口铸铁改性的可锻铸铁，加入铬、硅等合金元素的合金（耐热）铸铁等。常用灰铸铁和球墨铸铁的性能及应用见表 3-2。

表 3-2　常用灰铸铁和球墨铸铁的性能及应用

材料		性能				应用举例
名称	牌号	抗拉强度 /MPa	屈服强度 /MPa	伸长率	硬度 /HBW	
灰铸铁	HT150	145	—	—	163~229	底座、床身、手轮、工作台等
	HT200	195	—	—	170~241	气缸、齿轮、底座、机体等
	HT250	240	—	—	170~241	油缸、气缸、齿轮、轴承座、机体等
球墨铸铁	QT500-7	500	320	320	170~230	油泵齿轮、车辆轴瓦、阀体等
	QT600-3	600	600	370	190~270	
	QT700-2	700	700	420	225~305	连杆、曲轴、凸轮轴、齿轮轴等

三、有色金属合金

有色金属合金具有很多特殊的性能，如良好的导电性、导热性和减磨性，是机械制造中不可缺少的材料。铜及其合金主要用来制造承受摩擦的零件，常用铜合金有黄铜（铜锌合金）、青铜。青铜又有锡青铜（铜锡合金）、无锡青铜（铜与铅、铝、镍、锰、硅、铍等合金）之分。铜合金可铸造，也可压力加工。

铝合金含有硅、铜、镁、锰、锌等合金元素，是应用最广的轻金属，主要用来制造重量轻、强度高的零件。按成型方法，铝合金分铸造铝合金和变形铝合金。变形铝合金又分为防锈铝、硬铝、锻铝、超硬铝。

轴承合金是一种用于滑动轴承衬合金，减摩、耐磨、磨合的性能好，常用的有锡基轴承合金、铅基轴承合金，可铸造。铝基轴承合金是一种新型轴瓦衬材料。表 3-3 列出了常用的有色金属合金及其性能和应用。

表3-3　常用的铜合金、轴承合金、铝合金及其性能和应用

材料牌号	性能			应用
	抗拉强度/MPa	伸长率	硬度/HBW	
铸锡青铜 ZCuSn5Pb5Zn5	200（200）	13%（13%）	59（59）	较高载荷、中等滑动速度工作的耐磨零件，如轴瓦、蜗轮、螺母等
铸锡铜 ZCuSn10Pb1	220（310）	3%（2%）	78.5（88.5）	高负荷、高滑动速度工作的耐磨零件
铸铅铜 ZCuPb20Sn5	150（150）	6%（5%）	44（54）	高滑动速度工作的耐磨零件
铸铅铜 ZCuA19Mn2	390（440）	20%（20%）	83.5（93）	高强度耐磨耐蚀零件，如轴瓦、蜗轮等
加工铝青铜 QA19-4	580	13%	110~190	高耐磨耐蚀的轴瓦、齿轮、蜗轮、阀座等
加工普通黄铜 H62	370	18%	—	螺母、垫片、铆钉、弹簧等
加工铅黄铜 HPb59-1	420	12%	—	铆钉、垫片、底座等
轴承合金 ZChPbSb16Sn16Cu2	78	0.2%	30	用于滑动轴承衬
轴承合金 ZChPbSb15Sn5Cu3	68	0.2%	32	
轴承合金 ZChSnSb11Cu6	90	6%	27	
铸铝合金 ZL101 （ZAISi7Mg）	225	1%	70	淬火，人工时效。中等强度形状复杂的零件
变形铝合金 5A02（防锈铝）	250	6%	—	半冷作硬化。中等强度的冷冲压件、管子、容器、铆钉等
变形铝合金 2A50（锻铝）	420	13%	—	淬火，人工时效。中等强度形状复杂的锻压件、冲压件
变形铝合金 2A11（硬铝）	420	15%	—	淬火，自然时效。中等强度的零件和构件，如螺栓、接头、骨架等
变形铝合金 7A04（超硬铝）	600	12%	—	淬火，人工时效。高强度零件、支架等

注：表中青铜值为砂模铸造，括号内为金属模铸造；表中青铜和黄铜值为软的，括号内为硬的。

四、非金属材料

机械制造中所用的非金属材料种类很多，主要有橡胶、塑料、木材、皮革、压纸板、陶瓷等。橡胶具有良好的弹性，常用来制造缓冲吸振元件及密封元件，如各种胶带、密封圈等。工程塑料是非金属材料中发展较快、应用越来越广泛的一种，可用来制造齿轮、蜗轮和轴承等。陶瓷目前已用来制造轴承。

五、钢的热处理

用钢制造零件时，常需要进行热处理以提高其加工性能、力学性能。钢的热处理是将钢在固态范围内加热到一定温度后，保温一定时间，再以一定速率冷却的工艺过程，如图3-1所示。钢的常用热处理方法和应用列于表3-4。

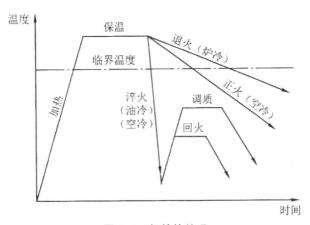

图 3-1 钢的热处理

表 3-4 钢的常用热处理方法及其应用

名称	说明	应用
退火	退火是将钢件（或毛坯）加热到临界温度（一般为 723℃）以上 30~50℃，保温一段时间，然后随炉一段时间，缓慢冷却	清楚锻、铸、焊的零、构件的内应力，降低硬度使其易于切削加工，细化晶粒，调整组织，改善性能
正火	正火是将钢件加热到临界温度以上，温饱一段时间，然后在空气中冷却，冷却速度比退火快	用于低、中碳钢及渗碳零件，作用与退火类似
淬火	淬火是将钢件加热到临界温度以上，保温一段时间，然后在水或油中（个别材料在空气中）急冷下来	提高钢件的硬度和强度。但淬火后钢材性能变脆，并产生很大内应力，需要进行低温回火
回火	回火是将淬硬的钢件再加热到临界点以下的温度，保温一段时间，然后在空气中或油中冷却下来，根据回火温度不同，又分低温（150~250℃）回火、中温（350~400℃）回火、高温（500~680℃）回火	消除淬火后的脆性和内应力，提高钢件的塑性和韧性。低温回火，硬度可达 55~62HRC；中温回火，硬度可达 35~45HRC，高温回火，硬度可达 23~35HRC
调质	淬火后再进行高温回火，称为调质	使钢件获得较高的韧性和强度，很多中碳钢制造的零件（如轴类）常用调质处理
表面淬火	是使零件表层有高的硬度和耐磨性，而心部保持原有的强度和韧性的热处理方法。根据加热方法，有火焰表面淬火、高频表面淬火	表面淬火常用来处理齿轮、花键等零件
渗碳	将低碳钢或低碳合金钢零件置于渗碳剂中，加热到 900~950℃保温，使碳原子渗入钢的表面层，然后再淬火和回火	增加零件的表面硬度和耐磨性，而心部仍保持较好的韧性和塑性。多用于重负荷、受冲击、耐磨的零件
渗氮（氮化）	将零件置于渗氮剂中，加热至 420~650℃保温，使零件表面形成高硬度氮化层。38CrMoAlA 是典型氮化钢	提高耐磨性和抗疲劳性能。氮化中温度较低，热变形小，氮化层较薄，不能承受大的冲击荷载。常用于模具钢热处理
碳氮共渗	将零件置于渗碳、渗氮剂中，加热至 850~900℃保温，再淬火加低温回火。碳氮共渗是向零件表面同时渗入碳和氮	常用于低碳钢、中碳钢，提高表面耐磨性和抗疲劳性能

激光热处理目前已成为较成熟的钢表面淬火、表面强化的技术手段。例如，激光表面淬火是通过高能激光束扫描工件表面，工件表层材料吸收的激光辐射热使材料温

度快速升高到临界温度，再通过材料的自冷却完成表面硬化。

六、材料选择原则

选择材料时主要考虑三个方面的要求。

1. 使用要求

由于零件工作条件不同，对材料提出的要求也不同，如力学性能（强度、硬度、冲击韧性等）、物理性能（导电、导热、导磁性等）、化学性能（抗腐蚀性、抗氧化性等）及耐磨性、减振性等。在考虑使用要求时，要抓住主要，兼顾次要。通常强度要求是主要的。

2. 工艺要求

所用的材料从毛坯到成品，都能方便地制造出来。结构复杂、大批生产的零件宜用铸造，单件生产的宜用焊接。

3. 经济性要求

在满足使用要求、工艺要求的同时，还要考虑材料成本、货源等经济性要求。经济性不能只考虑材料的价格，还要综合加工成本、维修费等。

除上述材料选择原则之外，零件毛坯类型也是材料选择中的一项重要内容。机械零件大致分为轮盘类、轴类、筒类、杆类、索类、板类、箱形类、框架类等形状，材料毛坯有锻造件、铸造件、冷轧件、热轧件、焊接件等。应根据零件的几何结构、使用要求、工作场合合理选择毛坯件种类。

第二节　机械零件的主要失效形式

完成一定功能的机械零件，在规定的条件下，在规定的使用期间，不能正常工作称为失效。机械零件的常见失效形式有以下几种。

一、整体断裂

机械零件的整体断裂指承受载荷零件的截面上的应力大于材料的极限应力而引起的断裂。零件整体断裂有静载断裂和疲劳断裂两种，如螺栓在过大的轴向载荷作用下被拉断、齿轮断齿和轴的断裂等。80% 的整体断裂属于疲劳断裂。

二、塑性变形

塑性材料制作的零件，在过大载荷作用下会产生不可恢复的塑性变形，零件的塑性变形造成尺寸和形状的改变，严重时零件丧失工作能力。

三、表面破坏

表面破坏指表面材料的流失和损耗。按失效机理的不同，表面破坏分为磨料磨损、腐蚀磨损、点蚀（接触疲劳磨损、表面疲劳）、胶合。表面破坏发生后零件表面精度丧失，表面原有尺寸和形貌改变，摩擦加剧，能耗增加，工作性能降低，严重时导致零件完全不能工作。

四、过大的弹性变形

机械零件受载时会产生弹性变形。过大的弹性变形会破坏零件之间的相互位置及配合关系，影响机械工作品质，严重时使零件或机器不能正常工作，如机床主轴的弹性变形过大会降低被加工零件的精度。

五、功能失效

有些机械零件只有在一定的条件下才能正常工作，这种条件丧失后，尽管零件自身尚未被破坏，但已不能完成规定功能，这种失效称为功能失效，如带传动的打滑、螺栓连接的松动等。

此外，还有其他一些失效形式，如压杆失稳（屈曲失稳）、振动失稳等。

第三节 机械零件的工作能力及其准则

机械零件在预定的使用期间不发生失效的安全工作限度称为工作能力，也称为承载能力。衡量机械零件工作能力的指标，称为机械零件的工作能力准则。它是预防零件失效、确定零件基本尺寸的依据，故也称为计算准则。现将常用的计算准则分述如下。

一、强度准则

强度是衡量机械零件工作能力最基本的计算准则。如果零件的强度不足，就会发生整体断裂、塑性变形及表面疲劳，导致零件不能正常工作，所以设计中必须保证满足强度要求。强度准则的一般表达式为

$$\sigma \leqslant [\sigma] = \frac{\sigma_{\text{lim}}}{S} \ , \ \tau \leqslant [\tau] = \frac{\tau_{\text{lim}}}{S} \tag{3-1}$$

式中：σ、τ——机械零件的工作正应力、工作剪应力，MPa；

[δ]、[τ]——机械零件材料的许用正应力、许用剪应力，MPa；

σ_{lim}、τ_{lim}——机械零件材料的极限应力（强度），MPa；

S——安全系数。它在强度计算中考虑计算载荷及应力的准确性、材料性能的可靠性等因素对零件强度准确性的不利影响、零件的重要性及其他因素，人为设定的强度裕度，$S \geqslant 1$。

二、刚度准则

刚度是零件抵抗弹性变形的能力。有些零件，如机床主轴、电动机轴等，要保证足够的刚度才能正常工作，所以这些零件的基本尺寸是由刚度条件确定的。刚度准则计算式为

$$y \leqslant [y], \quad \theta \leqslant [\theta], \quad \varphi \geqslant [\varphi] \qquad (3-2)$$

式中：y、θ、φ——零件工作时的挠度、偏转角和扭转角；

$[y]$、$[\theta]$、$[\varphi]$——零件的许用挠度、许用偏转角和许用扭转角。

另外，有些零件如弹簧则有相反的要求，即不允许有很大的刚度，而要求具有一定的柔度。

三、耐磨性准则

耐磨性是指零件抵抗磨损失效的能力。在机械设计中，总是力求提高零件的耐磨性，减少磨损。关于磨损，目前尚无简单实用的计算方法，通常采用条件性计算。

（1）限制摩擦表面的压强 p 不超过许用值，防止压强过大使零件表面的油膜被破坏，而导致加快磨损。其验算式为

$$p \leqslant [p] \qquad (3-3)$$

式中：$[p]$——材料的许用压强，MPa。

（2）对于滑动速度较大的摩擦表面要限制单位接触面上的摩擦功不能过大，防止摩擦表面温升过高使油膜破坏、磨损加剧，甚至出现胶合。若摩擦因数为常数，其验算式为

$$pv \leqslant [pv] \qquad (3-4)$$

式中：v——表面间相对滑动速度，m/s；

$[pv]$——pv 的许用值，MPa·m/s。

（3）若相对滑动速度 v 过大，即使 p、pv 值均小于许用值，摩擦表面的局部也会出现磨损失效，故也应限制，其验算式为

$$v \leqslant [v] \qquad (3-5)$$

式中：$[v]$——v 的许用值，m/s。

四、振动稳定性准则

机械上存在着许多周期性变化的激振源，如齿轮的啮合、轴的偏心转动等。当零件的自振频率 f_p 与激振源频率 f 接近或相同时就会发生共振，影响机器的正常工作，甚至造成破坏性事故。振动稳定性准则就是使零件的自振频率与激振源频率错开，其设计式为

$$f < 0.87 f_p, \ f > 1.18 f_p \qquad\qquad (3\text{-}6)$$

第四节　机械零件设计的一般步骤

机械零件的种类不同，设计计算方法也不同，所以具体的设计步骤也不一样，但一般可按下列步骤进行设计。

（1）拟定零件的计算简图，即建立计算模型。

（2）通过受力分析，确定作用于零件上的载荷。

（3）根据零件的工作条件和受力情况，分析零件可能出现的失效形式，确定零件的设计计算准则。

（4）选择合适的材料。

（5）由设计计算准则得到的设计式确定零件主要几何参数和尺寸，并按标准或规范的规定和加工工艺要求，将零件尺寸的计算值标准化或圆整。

（6）根据加工、装配的工艺要求、受力情况以及减小应力集中和尺寸小、重量轻等原则，确定零件的其余结构尺寸。

（7）绘制零件工作图，详细标注尺寸公差、形位公差和表面粗糙度及技术要求等。

（8）编写设计计算说明书，作为技术文件存档。

第五节　机械零件的强度

机械零件必须具有足够的强度，这是机械设计的基本要求。以后各章中零件的设计，也是首先按强度确定零件主要参数和尺寸。根据零件工作时所受的载荷及应力的性质，零件的强度计算方法分为静强度计算和疲劳强度计算两种。本节对应力的性质及强度计算方法进行简要论述。

一、载荷的分类

1. 静载荷与变载荷

大小和方向不随时间变化或变化缓慢的载荷称为静载荷；大小和方向随时间变化的载荷称为变载荷。

2. 名义载荷与计算载荷

根据原动机的额定功率或机器在稳定理想工作条件下的工作阻力，用力学公式计算得出的作用在零件上的载荷称为名义载荷；考虑在工作中零件还受到各种附加载荷的作用及载荷在零件上的分布不均等因素，把名义载荷乘以一个大于1的载荷系数（或工况系数）K，称为计算载荷。机械零件的强度计算和设计中应使用计算载荷。

二、应力的分类

1. 静应力

不随时间 t 变化或变化缓慢的应力称为静应力 [图 3-2（a）]，它只能在静载荷作用下产生。

2. 变应力

随时间 t 变化的应力称为变应力。它可由静载荷产生，也可由变载荷产生。随时间 t 作周期性变化的应力称为稳定变应力。稳定变应力有三种典型形式：①对称循环变应力 [图 3-2（b）]；②脉动循环变应力 [图 3-2（c）]；③非对称循环变应力 [图 3-2（d）]。

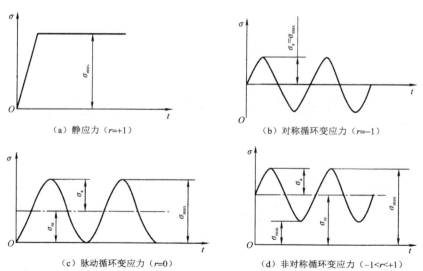

（a）静应力（r=+1）　　（b）对称循环变应力（r=-1）

（c）脉动循环变应力（r=0）　　（d）非对称循环变应力（-1<r<+1）

图 3-2　应力的类型

稳定变应力有 5 个参量，即应力幅 σ_a、平均应力 σ_m、最大应力 σ_{max}、最小应力 σ_{min} 和应力循环特性 r。它们之间的关系为

$$\sigma_m = \frac{1}{2}\left(\sigma_{max} + \sigma_{min}\right), \sigma_a = \frac{1}{2}\left(\sigma_{max} - \sigma_{min}\right), \sigma_{min} = \sigma_m - \sigma_a, \sigma_{max} = \sigma_m + \sigma_a, r = \frac{\sigma_{min}}{\sigma_{max}} \quad (3-7)$$

只要已知其中 2 个参量，就可求出其余 3 个参量。几种典型变应力的特征见表 3-5。

表 3-5　几种典型变应力的特征

序号	应力循环名称	循环特性	应力特点	图例
1	静应力	$r=+1$	$\sigma_{max}=\sigma_{min}=\sigma_m$，$\sigma_a=0$	图 3-2（a）
2	对称循环变应力	$r=-1$	$\sigma_{max}=\sigma_a=-\sigma_{min}$，$\sigma_m=0$	图 3-2（b）
3	脉动循环变应力	$r=0$	$\sigma_a=\sigma_m+\sigma_{max}/2$，$\sigma_{min}=0$	图 3-2（c）
4	非对称循环变应力	$-1<r<+1$	$\sigma_{max}=\sigma_a+\sigma_m$，$\sigma_{min}=\sigma_m-\sigma_a$	图 3-2（d）

三、静应力作用下零件静强度计算

静应力作用下，零件的破坏形式为塑性变形或整体断裂，其强度条件式为

$$\sigma \leq [\sigma] = \frac{\sigma_{lim}}{S}, \quad \tau \leq [\tau] = \frac{\tau_{lim}}{S} \quad (3-8)$$

式中：σ_{lim}、τ_{lim}——材料的极限正应力和极限剪应力，MPa；

S——安全系数。

静应力作用下的极限应力与材料的性质有关。对于塑性材料的零件，静应力增大到其屈服强度 σ_s 或 τ_s 时发生塑性变形，若静应力继续增大则发生断裂。因此，极限应力取其屈服强度，即 $\sigma_{lim} = \sigma_s$，$\tau_{lim} = \tau_s$。对于脆性材料的零件，应力增大到其抗拉强度 σ_B 或抗剪强度 τ_B 时，发生（脆性）断裂，极限应力取 $\sigma_{lim} = \sigma_B$，$\tau_{lim} = \tau_B$。

静强度计算中的安全系数 S 有以下两种取值方法。

1. 规范和标准取值法

机械设备所在的行业常规定本行业的安全系数规范或标准，设计时一般应严格遵守这些规范或标准中的规定，但必须注意这些规范或标准中的规定的使用条件，不能随便套用。对于本书涉及的机械零件的安全系数详见以后各章中给出的具体数值。

2. 部分系数法

在无可靠资料时，可考虑影响强度和安全的各方面因素来确定安全系数，即

$$S=S_1 S_2 S_3 \quad (3-9)$$

式中：S_1——载荷和应力计算准确性系数，$S_1 = 1 \sim 1.5$。

S_2——材料性质均匀性系数，对于锻钢和轧钢件，$S_2 = 1.2 \sim 1.5$；对于铸铁件，$S_2 = 1.5 \sim 2.5$，材料性能可靠时取小值。

S_3——零件的重要性系数，$S_3 = 1 \sim 1.5$。

四、变应力作用下零件疲劳强度计算

(一)疲劳

在变应力作用下,零件的失效形式为疲劳断裂。疲劳断裂具有以下特征:①疲劳断裂的最大应力远比静应力下材料的强度低,甚至比屈服强度低。②疲劳断裂是损伤及裂纹扩展的积累过程。它先在零件的局部高应力区形成初始微裂纹,随着应力循环作用次数的增加,微裂纹逐渐扩展,当有效承载面积不足以承受外载荷时发生突然断裂。如图 3-3 所示为典型的金属宏观疲劳断口,明显有两个区域,一是在交变应力反复作用下疲劳裂纹扩展过程中,裂纹两边相互挤压摩擦形成的平滑疲劳区;二是最终发生脆性断裂的粗糙状瞬断区。

(二)材料的疲劳曲线和疲劳极限

图 3-4 为材料疲劳曲线,它表示在循环特性 r 一定的条件下,变应力的最大值 σ_{rN} 与材料疲劳破坏时的应力循环次数 N(称为寿命)之间的关系。疲劳曲线分为 AB、BC 两段。AB 段:应力 σ_{rN} 对寿命 N 的影响很显著,应力小,寿命长,反之亦然。BC 段:曲线趋于水平,应力 σ_{rN} 对寿命 N 几乎无影响,即当应力小于 σ_r 时,寿命趋于无限长,材料可以受无限次应力循环作用而不发生疲劳破坏。

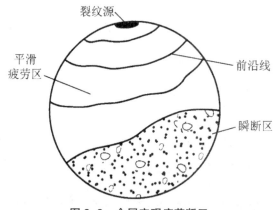

图 3-3 金属宏观疲劳断口

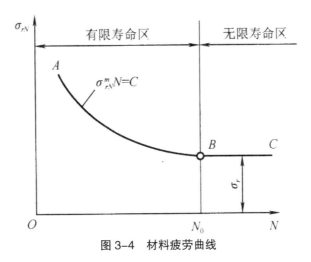

图 3-4　材料疲劳曲线

曲线上点 B 对应的应力循环次数 N_0 称为循环基数，对应 N_0 的应力 σ_r 称为材料的疲劳极限。$N \geqslant N_0$ 的区域称为无限寿命区，$N < N_0$ 的区域称为有限寿命区。在有限寿命区，每一个应力循环次数 N 对应一个产生疲劳破坏的应力 σ_{rN}，称为材料的条件疲劳极限。

对于一般结构钢，硬度 $\leqslant$ 350HBW 时，循环基数 $N_0 \approx 10^7$；硬度 $>$ 350HBW 时，$N_0 \approx 25 \times 10^7$。

由疲劳试验可知，疲劳曲线 AB 段呈幂函数关系，即

$$\sigma_{rN}{}^m N = \sigma_r{}^m N_0 = C \tag{3-10}$$

式中：m 和 C 均为材料常数，与材料性质、试样型式和载荷方式等因素有关，如钢制零件受弯曲时，$m = 9$。由式（3-10）可求得应力循环次数为 N 时的条件疲劳极限 σ_{rN}：

$$\sigma_{rN} = \sqrt[m]{\frac{N_0}{N}} \sigma_r = K_N \sigma_r \tag{3-11}$$

$$K_N = \sqrt[m]{\frac{N_0}{N}} \tag{3-12}$$

式中：K_N——寿命系数。当 $N > N_0$ 时，取 $N = N_0$，$K_N = 1$，即无限寿命的寿命系数为 1。

（三）机械零件的疲劳强度计算

下面以应力循环特性 $r = -1$ 的对称循环应力，介绍零件疲劳强度计算。对称循环变应力下零件疲劳条件为

$$\begin{cases} \text{无限寿命：} \sigma_{\max} \leqslant [\sigma_{-1}], \ \tau_{\max} \leqslant [\tau_{-1}] \\ \text{有限寿命：} \sigma_{\max} \leqslant [\sigma_{-1N}], \ \tau_{\max} \leqslant [\tau_{-1N}] \end{cases} \tag{3-13}$$

式中：σ_{max}、τ_{max}——零件工作变应力的最大正应力、最大剪应力，对于 $r = -1$ 的对称循环应力，$\sigma_{max} = \sigma_a$，$\tau_{max} = \tau_a$，MPa；

$[\sigma_{-1}]$、$[\tau_{-1}]$——对称循环应力的无限寿命的疲劳许用应力，MPa；

$[\sigma_{-1N}]$、$[\tau_{-1N}]$——对称循环应力的有限寿命的条件疲劳许用应力，MPa。

材料的疲劳极限可通过材料的光滑、特定尺寸试验件的疲劳试验获得，常用材料疲劳极限 σ_{-1} 可在机械零件设计手册中查得。需要指出的是，零件危险截面处几何结构变化、截面尺寸的大小及表面状态等均影响零件的疲劳极限。因此，零件的疲劳极限一般需引入有效应力集中系数 k_σ（k_τ）、绝对尺寸系数 ε_σ（ε_τ）和表面状况系数 β，对材料的疲劳极限加以修正确定。引入安全系数 S，其许用应力为

$$\begin{cases} \text{无限寿命：} [\sigma_{-1}]=\dfrac{\varepsilon_\sigma\beta\sigma_{-1}}{k_\sigma S}, \quad [\tau_{-1}]=\dfrac{\varepsilon_\tau\beta\tau_{-1}}{k_\tau S} \\ \text{有限寿命：} [\sigma_{-1N}]=\dfrac{\varepsilon_\sigma\beta K_N\sigma_{-1}}{k_\sigma S}, \quad [\tau_{-1N}]=\dfrac{\varepsilon_\tau\beta K_N\tau_{-1}}{k_\tau S} \end{cases} \quad (3\text{-}14)$$

式中：k_σ（k_τ）、ε_σ（ε_τ）、β 等可查有关机械设计手册获得。

疲劳强度计算中的安全系数 S 考虑计算载荷及应力准确性、零件重要性以及材料性能的可靠性等对零件强度的影响。一般情况下，当材料均匀、工艺质量好、载荷及应力计算精确时，$S=1.3\sim1.5$；当材料均匀性和工艺质量中等、载荷及应力计算精度较低时，$S=1.5\sim1.8$；当材料不均匀、计算精度很低时，$S=1.8\sim2.5$。

在计算零件的疲劳强度时，首先确定工作应力的循环特性，求出危险截面的最大工作应力，计算工作应力系数，区分是无限寿命还是有限寿命，根据式（3-14）确定许用应力，最后由式（3-13）计算零件的疲劳强度。

例 3.1 某一钢制轴，其危险截面的直径 $d=80$mm，承受弯矩 $M=10^7$N·mm，该危险截面的有效应力集中系数 $k_\sigma=1.4$，绝对尺寸系数 $\varepsilon_\sigma=0.91$，表面状况系数 $\beta=1$；材料的疲劳参数为 $\sigma_{-1}=450$MPa，$N_0=10^7$，$m=9$；轴的转速 $n=40$r/min，要求工作寿命 $L=800$h，设定安全系数 $S=1.4$，试校核该轴的疲劳强度。

解：（1）计算危险截面的最大工作应力。由《工程力学》受弯矩作用的轴的弯曲应力计算最大工作应力：

$$\sigma_{max}=\frac{M}{W_z}=\frac{M}{\frac{\pi}{32}d^3}=\frac{10^7}{\frac{\pi}{32}\times80^3}=198.94\text{MPa}$$

轴转动时，若载荷的大小和方向不变，轴的弯曲应力是对称循环变应力，应力循环特性 $r=-1$。

（2）计算材料的疲劳极限应力。计算工作应力循环次数：

$$N=60nL=60\times40\times800=1.92\times10^6$$

由于 $N<N_0=10^7$，属于有限寿命，按式（3-12）计算寿命系数 K_N：

$$K_N=\sqrt[m]{\frac{N_0}{N}}=\sqrt[9]{\frac{10^7}{1.92\times10^6}}=1.2$$

（3）计算危险截面的许用应力。按式（3-14）计算无限寿命的疲劳许用应力 $[\sigma_{-1}]$：

$$[\sigma_{-1}] = \frac{\varepsilon_\sigma \beta \sigma_{-1}}{k_\sigma S} = \frac{0.91 \times 1 \times 450}{1.4 \times 1.4} = 208.93\text{MPa}$$

（4）危险截面的疲劳强度校核。按式（3-13）校核疲劳强度：

$$\sigma_{\max} = 198.94 \leqslant [\sigma_{-1}] = 208.93\text{MPa}$$

疲劳强度足够。

五、零件的接触疲劳强度

零件受载时，若在较大的体积内产生应力，这种应力状态下的零件强度称为整体强度，如前述的整体断裂和塑性变形。与之不同，两个相互接触工作的零件表面受载后在接触处产生局部压应力称为接触应力，这种接触应力反复作用会造成零件表面接触疲劳破坏。表征接触疲劳破坏的计算准则称为接触疲劳强度准则，如齿轮、滚动轴承、凸轮等零件都是通过很小的接触面积传递载荷的，会发生点蚀的表面破坏，它们的承载能力不仅取决于整体强度，还取决于表面的接触疲劳强度。

表面接触疲劳破坏——点蚀的失效机理如下：经接触应力的反复作用，首先在零件表面或距表面某一深度的次表层内产生初始疲劳裂纹；裂纹形成后，在反复接触受载过程中，润滑油被挤进裂纹内而产生极高的压力，使裂纹加速扩展，最后使表层金属呈小片状脱落下来，在表面遗留下一个个小坑，即为点蚀；点蚀形成后零件光滑表面被破坏，引起振动和噪声，严重时降低承载能力。

当两个轴线平行的圆柱体在载荷作用下相互接触并压紧时（图3-5），由于局部弹性变形，其接触线变成宽度为 $2a$ 的狭长矩形接触带，最大接触应力发生在理论接触线上，最大接触应力 σ_H 可由赫兹（Hertz）公式计算：

$$\sigma_H = \sqrt{\frac{F_n}{L\rho_\Sigma} \times \frac{1}{\pi\left(\dfrac{1-\mu_1^2}{E_1} + \dfrac{1-\mu_2^2}{E_2}\right)}} \tag{3-15}$$

式中：F_n——法向总压力；

L——接触线长度；

E_1、E_2——两圆柱体材料的弹性模量；

μ_1、μ_2——两圆柱体材料的泊松比；

ρ_Σ——综合曲率半径。

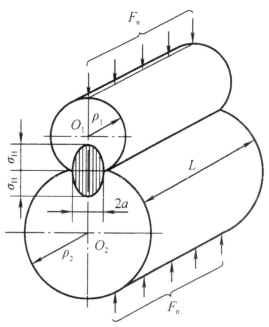

图 3-5 两圆柱体的平行接触应力

$$\rho_{\Sigma} = \frac{\rho_1 \rho_2}{\rho_2 \pm \rho_1} \tag{3-16}$$

式中：ρ_1、ρ_2 分别为两圆柱体的半径，"＋"用于外接触，"－"用于内接触。

零件表面接触疲劳强度条件为

$$\sigma_H \leqslant [\sigma_H] \tag{3-17}$$

式中：$[\sigma_H]$——零件表面的许用接触应力。

第六节 磨损、摩擦和润滑

一、金属表层的磨损

相对运动的金属表面，由于摩擦都将产生磨损。只要在规定的使用期间内，磨损量不超过规定限值，就属正常磨损。尽管有时人们也利用磨损，如机械加工中的研磨机、机器设备正常运转之前的跑合等，但多数情况下磨损是有害的，它将造成能量损耗、效率降低，并影响机器的寿命和性能。

表面磨损按其机理可分为磨料磨损、黏着磨损（胶合）、接触疲劳磨损（点蚀）、腐蚀磨损。

1. 磨料磨损

摩擦表面的硬凸峰或外来硬质颗粒对表面的切削或碾破作用，引起表面材料的脱落或流失现象，称为磨料磨损。

2. 黏着磨损（胶合）

从微观上看，即使是经过光整加工的金属表面也是凹凸不平的，所以金属表面接触时，实际上只是少数凸峰在接触，局部接触应力很大，使接触点上产生弹塑性变形，表面吸附膜破裂。同时，因摩擦产生高温，造成金属的焊接，使峰顶黏在一起。当金属表面相对运动时，切向力将黏着点撕开，呈撕脱状态。这种因黏着点撕开，使金属表面材料由一个表面转移到另一个表面所引起的磨损称为黏着磨损，也称为胶合。

3. 接触疲劳磨损（点蚀）

齿轮、滚动轴承等点、线接触的零件，在较高的接触应力作用下，经过一定的循环次数后，可能在局部接触面上形成麻点或凹坑，进而导致零件失效，这种现象称为接触疲劳磨损（点蚀）。

4. 腐蚀磨损

摩擦表面与周围介质发生化学或电化学反应，生成腐蚀产物，表面的相对运动导致腐蚀物与表面分离的现象，称为腐蚀磨损。

二、常见的几种摩擦状态

按润滑情况，摩擦表面之间有以下 3 种基本摩擦状态。

1. 干摩擦状态

当两摩擦表面间不加任何润滑物质时，两表面直接接触 [图 3-6（a）]，称为干摩擦状态。在此状态下，两表面相对运动时，必然有大量的摩擦功损失和严重的磨损，故在机械零件中不允许出现干摩擦状态。

2. 边界摩擦状态

当两摩擦表面间有少量润滑剂时，由于润滑剂与金属表面的吸附或化学反应作用，在金属表面形成极薄的边界油膜。当两表面相对运动时，表面间的微凸峰仍在直接接触、相互搓削 [图 3-6（b）]，这种摩擦状态称为边界摩擦状态。在此状态下，两表面间的摩擦因数比干摩擦状态下的摩擦因数小得多，约为 0.08 ~ 0.1。

3. 液体摩擦状态

若两摩擦表面间有充足的润滑油，并形成足够厚度的油膜将两表面完全隔开，避免了两表面的直接接触 [图 3-6（c）]，相对运动的摩擦只发生在润滑油的分子之间，此时两表面间的摩擦因数很小，为 0.001 ~ 0.008，这是一种理想的摩擦状态。

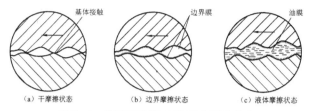

图 3-6　摩擦表面的 3 种基本摩擦状态

另外,摩擦表面同时存在干摩擦、边界摩擦、液体摩擦的称为混合摩擦状态。干摩擦、边界摩擦、混合摩擦状态统称为非液体摩擦状态。

三、润滑剂及其主要性能指标

润滑剂进入摩擦表面之间可以减少摩擦、降低磨损,还能起到防止零件锈蚀和散热降温的作用。常用的润滑剂有液体(如油、水)、半固体(如润滑脂)、固体(如石墨)和气体等多种,绝大多数场合采用润滑油(也称滑油、机油)或润滑脂(干油、黄油)。

(一)润滑油的主要性能指标

润滑油主要是由基础油(矿物油或合成油)加各种添加剂组成,其主要性能指标如下。

1. 黏度

润滑油在流动时,流层间产生剪切阻力,阻碍彼此的相对运动,这种性质叫黏性。黏性的大小用黏度来度量。黏度有动力黏度、运动黏度等。动力黏度用 η 表示,国际单位为 Pa·s,1Pa·s = 1N·s/m²。工程上常采用泊(P)或厘泊(cP),它们之间的换算关系为

$$1P=0.1Pa·s$$

$$1cP=0.001Pa·s$$

运动黏度 ν 是润滑油的动力黏度 η 与同温度下密度 ρ 的比值:

$$\nu=\eta/\rho \qquad\qquad (3-18)$$

运动黏度的国际单位是 m²/s,工程上常用斯(St)和厘斯(cSt),换算关系为

$$1St=1cm^2/s=0.0001m^2/s$$

$$1cSt=0.01St=1mm^2/s$$

除动力黏度和运动黏度外,还有各种条件黏度。我国常用的条件黏度有恩氏黏度、赛氏黏度。

2. 倾点

倾点反映润滑油的低温流动性能。倾点是指在规定条件下,被冷却了的试样油开

始连续流动时的最低温度。倾点低，则润滑油的低温流动性好。

3. 闪点

闪点是指在规定条件下，加热油品逸出的蒸气和空气组成的混合气体与火焰接触，发生瞬间闪火时的最低温度。闪点高，则油的安全性好。

4. 黏温特性

黏温特性是指润滑油的黏度随温度变化的特性，一般随着温度升高黏度降低。黏度随温度的变化小的润滑油的黏温特性好。

润滑油的性能指标还有黏压特性、油性、极压性等。

常用的几种润滑油的主要性能和用途见表3-6。

表3-6　常用几种润滑油的主要性能和用途

油的种类	牌号	运动粘度 /v（mm²/s）		闪点 /℃（开口）不低于	倾点 /℃不高于	主要用途
		40℃	50℃			
全损耗系统用油（GB/T433-1989）	15	13.5~16.5	—	165	−15	牌号15、22、32用于一般滑动轴承；牌号46、68用于重型机床导轨；牌号100用于矿山机械、冲压铸造等重型设备　一般也用于齿轮、蜗轮、链传动和滚动轴承
	22	19.8~24.2	—	170	−15	
	32	28.8~35.2	—	170	−15	
	46	41.4~50.6	—	180	−10	
	68	61.2~74.8	—	190	−10	
	100	90.0~110	—	210	0	
中负荷工业齿轮油（GB5903-2011）	68	61.2~74.8	—	170	−8	工业设备齿轮
	100	90.0~110	—	170	−8	
	150	135~165	—	170	−8	
	220	198~242	—	200	−8	
	320	288~352	—	200	−8	
	460	414~506	—	200	−8	
	680	612~748	—	200	−8	
汽轮机油（GB2537-1988）	HU-20	—	18~22	180	−15	用于汽轮机、水轮机、发电机、大中型鼓风机、压缩机等高速重载轴承的润滑及各种小型液体摩擦轴承
	HU-30	—	28~32	180	−10	
	HU-40	—	37~43	180	−10	
	HU-45	—	43~47	195	−10	
	HU-55	—	53~57	195	−5	
蜗轮蜗杆油（SH/T0094-1991）	220	198~242	—	200	−12	各种涡轮蜗杆传动
	320	288~352	—	200	−12	
	460	414~506	—	220	−12	
	680	612~748	—	220	−12	
	100	900~1100	—	220	−12	

（二）润滑脂的主要性能指标

润滑脂是基础润滑油加稠化剂稠化成膏状半固体的润滑剂，主要性能指标如下。

1. 锥入度（或稠度）

锥入度是指把一个重量为150g的标准锥体，在25℃恒温下，置于润滑脂表面经5s压下的深度（以0.1mm计）。它表示润滑脂内阻力的大小和流动的强弱。

2. 滴点

滴点是指在规定的加热条件下，从标准的测量杯孔口滴下第一滴油时的温度。它反映润滑脂的耐高温能力。

润滑脂的性能指标还有油性和极压性能等。常用的润滑脂的性质和用途见表3-7。

表3-7 常用润滑脂的性质和用途

润滑脂种类	代号	滴点/℃不低于	工作锥入度（25℃ 1502）0.1mm	主要用途
钠基润滑脂	3	160	265~295	工作温度在-10~110℃的中负荷机械设备轴承的润滑，不耐水或潮湿
	3	160	220~250	
通用锂基润滑脂	ZL-1	170	310~340	适用于工作温度在-20~120℃范围内各种机械的滚动轴承、滑动轴承及其他摩擦部位的润滑
	ZL-2	175	265~295	
	ZL-3	180	220~250	
滚动轴承润滑脂	ZGN69-2	120	250~290 -40℃时为30	机车、汽车、电动机及其他机械的滚动轴承的润滑
石墨钙基润滑脂	ZG-S	80	—	人字齿轮、挖掘机底盘齿轮、起重机、矿山机械、绞车钢丝绳等高负荷、高压力、低速度的粗糙机械的润滑及一般开式齿轮的润滑、耐潮湿

（三）添加剂

添加剂可以使润滑油的性能发生根本性的变化。添加剂可分为两类：一类影响润滑油的物理性能，如降凝剂、增黏剂等；另一类影响润滑油的化学性能，如抗氧剂、油性剂等。不同的添加剂可分别起到提高承载能力、降低摩擦和减少磨损的作用。常用的添加剂及其作用列于表3-8中。

表3-8 常用添加剂及其作用

作用	添加剂	说明
油性添加剂	脂肪、脂肪油、脂肪酸、油酸	加入量1%~3%
抗磨与极压添加剂	磷酸三甲酚酯、环烷酸铅、含硫、磷、氯化油与石蜡、二硫化铝、菜籽油、铅皂	加入量0.1%~5%
抗氧化添加剂	二硫代磷酸锌、硫化烯烃、酚胺	加入量0.25%~5%

作用	添加剂	说明
抗腐蚀添加剂	2,6 二叔丁基对甲酚、N 苯基萘胺	—
清净分散剂	石油磺酸钙（或钡）、磷酸酯、酚酯、水杨酸脂、聚酰亚胺、聚酯	将氧化沉积物分散悬浮于油中，以减轻磨损和延长油的使用寿命，加入量 0.5%~1.0%
防锈剂	石油磷酸钙（或钡与钠）、二硫代磷酸酯、二硫代碳酸酯、羊毛脂	—
降凝剂	聚甲基丙烯酸酯、聚丙烯酰胺、石蜡烷化酚	加入量 0.1%~10%，低温工作的润滑油使用
增粘剂	聚异丁烯、聚丙烯酸酯	改善油的黏温特性，使适应较大的工作温度范围，加入量 3%~10%
消泡沫剂	硅酮、有机聚合物	—

注：表中所列全部的加入量仅供参考，应通过试验确定。

四、润滑

（一）润滑的目的和作用

润滑是指加润滑剂（润滑油、润滑脂等）到相互接触工作的零件表面之间，并予以持续保持的技术措施。润滑的目的和作用是减小摩擦、避免或减缓磨损、延长零件使用寿命和提高机械使用性能。此外，还有降低摩擦因数、保证传动效率、降低功耗，控制机械工作温度、冷却，防锈、防腐蚀、清洁，缓冲减振，密封，降低或控制噪声等多方面作用。

（二）润滑方法

使用润滑油润滑时，润滑方法如下。

1. 滴油润滑

常用针阀油杯、油芯油杯，两者均能连续滴油润滑，区别是针阀油杯可在停车的同时停止供油，而油芯油杯在停车时继续滴油。

2. 浸油润滑（油浴润滑）

中低速运转零件的下部浸入润滑油池中带油到润滑部位。

3. 油环润滑

把油环套在轴颈上，轴颈转动带动油环，油环带油到轴颈表面润滑。

4. 飞溅润滑

利用转动件等将润滑油溅成油星用以润滑。例如，齿轮箱的轴承润滑，可利用齿轮带油飞溅，油星经油沟收集输送并润滑轴承。

5. 压力喷油润滑

对高速、重要的零件，可采用压力循环喷油，压力油经油嘴直接喷射在润滑部位。

6. 油雾润滑

利用压缩风的能量将液态的润滑油雾化成 $1 \sim 3 \mu m$ 的小颗粒，悬浮在压缩风中形成一种气液两相混合体——油雾，经过传输管路和喷嘴输送到各个润滑部位，用于大面积、多润滑点的场合。其缺点是排出的气体对人身和环境有害。

7. 油气润滑

润滑剂在压缩空气的吹动作用下沿着输送管壁波浪形向前运动，并以与压缩空气分离的连续精细油滴流喷射到润滑部位，用于多润滑点的场合。

压力喷油润滑、油雾润滑、油气润滑均需要配置一套升压、输送、喷射装置。使用润滑脂润滑时，只能间歇供应润滑脂，旋盖式油脂杯是应用最广的脂润滑装置，也可用油枪向润滑部位压充润滑脂。

第七节　机械零件的结构工艺性及标准化

一、零件结构的工艺性

机械零件的结构主要由它在机械中的作用与其他相关零件的关系及制造工艺（毛坯制造、机械加工）和装配工艺所决定。若零件的结构满足使用要求，在具体生产条件下，制造和装配所用的时间、劳动量及费用最少，这种结构的工艺性好。

从工艺性的角度，对零件的结构有三点要求。

1. 选择合理的毛坯种类

零件的毛坯可用铸造、锻造、冲压、轧制、焊接等方法制造。选择毛坯种类时，要根据零件的要求、尺寸和形状、生产条件及生产批量确定所选材料，如大件且结构复杂、批量生产时，宜采用铸件。

2. 零件结构要简单合理，便于制造、装配、拆卸

铸造的零件，为了便于起模，沿起模方向的非加工表面应有铸造斜度；为避免铸造缺陷，两表面相交处应有过渡圆角（图 3-7），各处壁厚不要相差太大，壁厚变化要平缓。图 3-8 中若两个被连接件不作通孔，则不便于销的装拆。图 3-9 中定位轴肩过高，滚动轴承装拆困难。

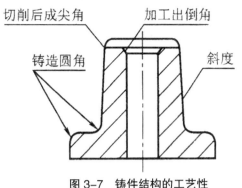

图3-7　铸件结构的工艺性

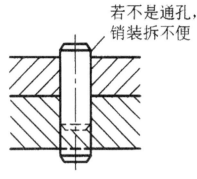

图3-8　销连接的装配

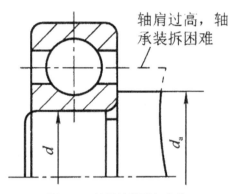

图3-9　轴承的装配与定位

从机械加工方面考虑，加工表面几何形状要简单，最好为平面、圆柱面，这样便于加工，又容易保证加工精度。

3. 规定合理的制造精度及表面粗糙度

零件尺寸公差、表面粗糙度过小，将会增加零件的制造成本，因此，不应盲目地提高零件的尺寸精度和降低零件表面粗糙度。

二、标准化

标准化就是将产品的型式、尺寸、参数、性能等统一规定为数量有限的种类。标准化的零件称为标准件，如螺栓、螺母、销、键、滚动轴承等。标准化有利于设计和产品的互换性，维修方便。标准件可以组织专业化生产，既保证质量又降低成本。

中国实行四级标准化体制，即国家标准（代号 GB）、行业标准（如 JB/ZZ 为重型机械行业标准）、地方标准（省级或市级有关单位制定的标准）、企业标准。国际标准化组织规定了国际标准（代号 ISO）。

在机械设计中，设计者必须认真贯彻标准化。标准化水平的高低也是评定产品设计水平的指标之一。

第四章　平面连杆机构

第一节　平面四杆机构的基本形式及其演化

平面四杆机构可分为铰链四杆机构和滑块四杆机构两大类。前者是平面四杆机构的基本形式，后者由前者演化而来。

一、平面四杆机构的基本形式

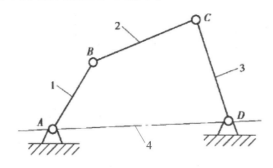

图 4-1　铰链四杆机构

1，3—连架杆；2—连杆；4—机架

构件之间连接都是转动副的平面四杆机构，称为铰链四杆机构。它是平面四杆机构的基本形式。如图 4-1 所示，固定不动的构件 4 称为机架；与机架相连的两个构件 1 和 3 称为连架杆，分别绕 A、D 作定轴转动，其中能绕机架作 360°整周转动的连架杆称为曲柄，只能在一定角度内摆动的连架杆称为摇杆；与机架相对的构件 2 称为连杆，连杆作复杂的平面运动。

根据两连架杆运动形式的不同，铰链四杆机构可分为曲柄摇杆机构、双曲柄机构和双摇杆机构 3 种基本形式。

（一）曲柄摇杆机构

两连架杆中一杆为曲柄另一杆为摇杆的铰链四杆机构，称为曲柄摇杆机构。在曲柄摇杆机构中，当以曲柄为原动件时，可将匀速转动变成从动件的摆动。如图 4-2（a）

所示的雷达天线俯仰角调整机构；或利用连杆的复杂运动实现所需的运动轨迹，如图4-2（b）所示的搅拌器机构。当以摇杆为原动件时，可将往复摆动变成曲柄的整周转动。

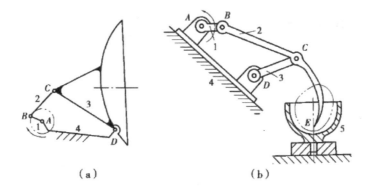

图 4-2 曲柄摇杆机构的应用

（a）1—曲柄；2—连杆；3—摇杆；4，5—机架 （b）1—曲柄；2—连杆；3—摇杆；4，5—机架

（二）双曲柄机构

两连架杆均为曲柄的铰链四杆机构，称为双曲柄机构。双曲柄机构中，通常主动曲柄作匀速转动，从动曲柄作同向变速转动。如图4-3所示的惯性筛机构，当曲柄1作匀速转动时，曲柄3作变速转动，通过构件5使筛子6产生变速直线运动、筛子内的物料因惯性而来回抖动，从而达到筛选的目的。

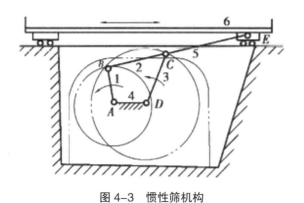

图 4-3 惯性筛机构

1,3-曲柄；2,5-连杆；4-机架；6-筛子

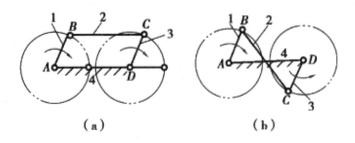

图 4-4 平行双曲柄机构

（a）1，3—曲柄；2—连杆；4—机架（b）1，3—曲柄；2—连杆；4—机架

在双曲柄机构中，若相对的两杆长度分别相等，则称为平行双曲柄机构或平行四边形机构。有如图 4-4（a）所示的正平行双曲柄机构和如图 4-4（b）所示的反平行双曲柄机构两种形式。前者的运动特点是两曲柄的转向相同且角速度相等，连杆作平动，故应用较为广泛；后者的运动特点是两曲柄的转向相反且角速度不相等。如图 4-5（a）所示的机车驱动轮联动机构和如图 4-5（b）所示的摄影车座斗机构是正平行双曲柄机构的应用实例。如图 4-5(c) 所示为车门启闭机构，是反平行双曲柄机构的一个应用实例。它使两扇车门朝相反的方向转动，从而保证两扇门能同时开启或关闭。

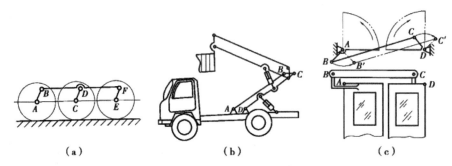

图 4-5 平行双曲柄机构的应用

在正平行双曲柄机构中，当各构件共线时，可能出现从动曲柄与主动曲柄转向相反的现象，即运动不确定现象，而成为反平行双曲柄机构。为克服这种现象，可采用辅助曲柄或错列机构等措施解决，如机车联动机构中采用 3 个曲柄的目的就是防止其反转。

另外，对平行双曲柄机构，无论以哪个构件为机架都是双曲柄机构。但若取较短构件为机架，则两曲柄的转动方向始终相同。

（三）双摇杆机构

两连架杆均为摇杆的铰链四杆机构，称为双摇杆机构。一般情况下，两摇杆的摆角不等，常用于操纵机构、仪表机构等。

如图 4-6（a）所示为飞机起落架机构。*ABCD* 为双摇杆机构，当摇杆 *AB* 运动时，可使另一摇杆 *CD* 带动飞机轮子收进机舱，以减少空气阻力。

如图 4-6（b）所示为汽车、拖拉机中的前轮转向机构。它是具有等长摇杆的双摇杆机构，又称等腰梯形机构。它能使与摇杆固联的两个前轮轴转过的角度 β，δ 不同，使车辆转弯时每一瞬时都绕一个转动中心 P 点转动，保证 4 个轮子与地面之间作纯滚动，从而避免了轮胎拖滑而引起的磨损，增加了车辆转向的稳定性。

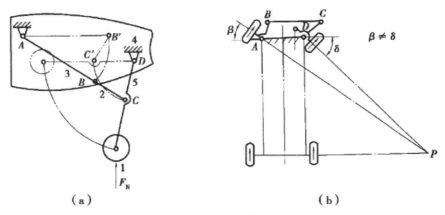

图 4-6　双摇杆机构的应用
1—从动构件；2—连杆；3，5—摇杆；4—机架

二、四杆机构的演化形式

在实际应用中还广泛地采用滑块四杆机构。它是铰链四杆机构的演化机构，是含有移动副的四杆机构。其常用形式有曲柄滑块机构、导杆机构、摇块机构及定块机构等。

（一）曲柄滑块机构

由图 4-7 可知，当曲柄摇杆机构的摇杆长度趋于无穷大时，C 点的轨迹将从圆弧演变为直线，摇杆 CD 转化为沿直线导路 m—m 移动的滑块，成为如图 4-7 所示的曲柄滑块机构。曲柄转动中心距导路的距离 e，称为偏心距。若 $e=0$[见图 4-7（a）]，称为对心曲柄滑块机构；若 $e \neq 0$[见图 4-7（b）]，称为偏置曲柄滑块机构。保证 AB 杆成为曲柄的条件是：$l_1 + e \leqslant l_2$。

曲柄滑块机构用于转动与往复移动之间的转换，广泛应用于内燃机、空压机和自动送料机等机械设备中。如图 4-8（a）、（b）所示为内燃机和自动送料机中曲柄滑块机构的应用。

对如图 4-9(a)所示的对心曲柄滑块机构，由于曲柄较短，曲柄结构形式较难实现，因此常采用如图 4-9（b）所示的偏心轮结构形式，称为偏心轮机构。其偏心圆盘的偏心距 e 即等于原曲柄长度。这种结构增大了转动副的尺寸，提高了偏心轴的强度和刚度，并使结构简化和便于安装，多用于承受较大冲击载荷的机械中，如破碎机、剪床和冲床等。

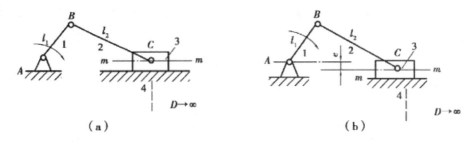

图 4-7　曲柄滑块机构

（a）1—曲柄；2—连杆；3—滑块；4—机架　（b）1—曲柄；2—连杆；3—滑块；4—机架

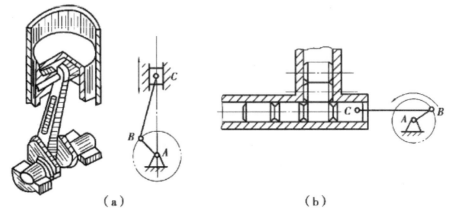

图 4-8　曲柄滑块机构的应用

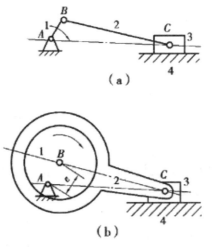

图 4-9　偏心轮机构

（a）1—偏心轮；2—连杆；3—滑块；4—机架　（b）1—偏心轮；2—连杆；3—滑块；4—机架

（二）导杆机构

若将如图 4-7（a）所示的曲柄滑块机构中的构件 1 作为机架，则曲柄滑块机构就演化为导杆机构。它包括转动导杆机构[见图 4-10（a）]和摆动导杆机构[见图 4-10（b）]两种形式。一般用连架杆 2 作为原动件，连架杆 4 对滑块 3 的运动起导向作用，称为导杆。当杆长 $l_1 < l_2$ 时，杆 2 和导杆 4 均能绕机架作整周转动，形成转动导杆机构；当杆长 $l_1 > l_2$ 时，杆 2 能作整周转动，导杆 4 只能在某一角度内摆动，形成摆动导杆机构。

导杆机构具有很好的传力性能，常用于插床、牛头刨床和送料装置等机器中。如图 4-11（a）、（b）所示为插床主运动机构和刨床主运动机构。其中，ABC 部分分别为转动导杆机构和摆动导杆机构。

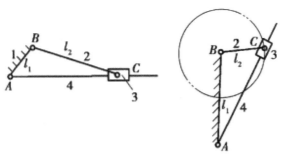

（a）转动导杆机构　（b）摆动导杆机构

图 4-10　导杆机构

1-机架；2-连杆；3-导杆；4-滑块

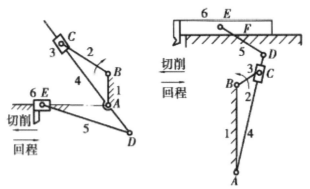

（a）插床主运动机构　（b）刨床主运动机构

图 4-11　导杆机构的应用

1—机架；2，5—连杆；3，6—滑块；4—导杆

（三）摇块机构

若将如图 4-7（a）所示的曲柄滑块机构的构件 2 作为机架，则曲柄滑块机构就演化为如图 4-12（a）所示的摇块机构。构件 1 作整周转动，滑块 3 只能绕机架作往复摆

动。这种机构常用于摆缸式原动机和气液压驱动装置中，如图 4-12（b）所示的自动货车翻斗机构。

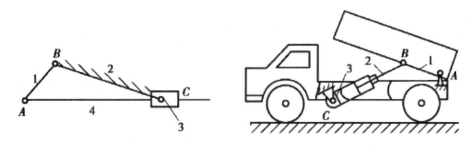

（a）摇块机构运动　　　　　（b）自动货车翻斗机构

图 4-12　摇杆机构及应用

1—连杆；2—机架；3—滑块；4—导杆

（四）定块机构

若将如图 4-7（a）所示的曲柄滑块机构的滑块 3 作为机架，则曲柄滑块机构就演化为如图 4-13（a）所示的定块机构。这种机构常用于抽油泵和手摇抽水泵 [见图 4-13（b）]

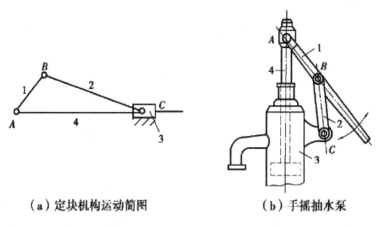

（a）定块机构运动简图　　　　（b）手摇抽水泵

（a）定块机构　　　　　（b）手摇抽水泵

图 4-13　定块机构及应用

1，2—连杆；3—滑块；4—导杆

第二节　平面四杆机构存在曲柄的条件和几个基本概念

一、铰链四杆机构存在曲柄的条件

在机构中，能使被连接的两个构件相对转动 360° 的转动副，称为整转副。整转副的存在是曲柄存在的必要条件，而铰链四杆机构 3 种基本形式的区别在于机构中是否存在曲柄和存在几个曲柄。因此，需要明确整转副和曲柄存在的条件。

（一）整转副存在的条件——长度条件

铰链四杆机构中有 4 个转动副，能否作整转，取决于四个构件的相对长度。

设四个构件中最长杆的长度为 L_{max}，最短杆的长度为 L_{min}，其余两杆长度分别为 L' 和 L''，则整转副存在的条件可表示为：$L_{max}+L_{min} \leq L'+L''$；反之，若 $L_{max}+L_{min} > L'+L''$，则机构中无整转副。

（二）曲柄存在的条件

曲柄是能绕机架作整周转动的连架杆。由整转副存在的条件得出铰链四杆机构曲柄存在的条件为：

①最短杆与最长杆长度之和小于或等于其余两杆长度之和。

②连架杆和机架中必有一杆为最短杆。

（三）铰链四杆机构基本类型的判别方法

由上述条件可得出铰链四杆机构基本类型的判别方法如下。

①当最短杆与最长杆长度之和小于或等于其余两杆长度之和（$L_{max}+L_{min} \leq L'+L''$）时：

a. 若最短杆的相邻杆为机架，则机构为曲柄摇杆机构。

b. 若最短杆为机架，则机构为双曲柄机构。

c. 若最短杆的对边杆为机架，则机构为双摇杆机构。

②当最短杆与最长杆长度之和大于其余两杆长度之和（$L_{max}+L_{min} > L'+L''$）时，则无论取何杆为机架，机构均为双摇杆机构。

例 4.1　铰链四杆机构 $ABCD$ 的各杆长度如图 4-14 所示（设单位：mm）。

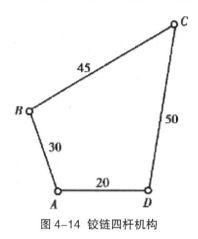

图 4-14 铰链四杆机构

①试判别 4 个转动副中，哪些能整转？哪些不能整转？

②说明机构分别以 AB，BC，CD，AD 各杆为机架时，属于何种机构？

解：①由于

$$L_{max}+L_{min}=50mm+20mm=70mm<L'+L''$$

$$=30mm+45mm=75mm$$

因此，最短杆两端的两个转动副 A，D 能整转，而 B，C 则不能。

②以 AB 杆或 CD 杆（最短杆 AD 的邻杆）为机架，机构为曲柄摇杆机构；以 BC 杆（最短杆 AD 的对边杆）为机架，机构为双摇杆机构；以 AD 杆（最短杆）为机架，机构为双曲柄机构。

例 4.2　设铰链四杆机构各杆长 a=120mm，b=10mm，c=50mm，d=60mm，问以哪个构件为机架时才会有曲柄？

解：由于

$$L_{max}+L_{min}=120mm+10mm=130mm>L'+L''$$

$$=50mm+60mm=110mm$$

因此，4 个转动副均不能整转，无论以哪个构件为机架，均无曲柄，或均为双摇杆机构。

二、平面四杆机构的运动特性

（一）平面四杆机构的极位

在曲柄摇杆机构、摆动导杆机构和曲柄滑块机构中，当曲柄为原动件时，从动件作往复摆动或往复移动，存在左右两个极限位置。将两个极限位置称为极位。

极位可用几何作图法作出。如图 4-15（a）所示的曲柄摇杆机构，摇杆处于 C_1D 和 C_2D 两个极位的几何特点是曲柄与连杆共线。其中，$l_{AC_1}=l_{BC}-l_{AB}$，$l_{AC_2}=l_{BC}+l_{AB}$。如图 4-15

（b）所示为摆动导杆机构。导杆的两个极位是 B 点轨迹圆的两条切线 C_m 和 C_n。从动件处于两个极位时，曲柄对应两位置所夹的锐角 θ，称为极位夹角；导杆对应两个极位间的夹角 ψ，称为最大摆角。对摆动导杆机构，$\theta=\psi$。

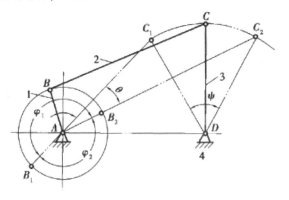

（a）曲柄摇杆机构　　　　　　　（b）摆动摇杆机构

图 4-15　平面四杆机构的极位

（a）1—机架；2—滑块；3—导杆

（b）1—曲柄；2—连杆；3—摇杆；4—机架

（二）急回特性

如图 4-15（a）所示，主动曲柄 AB 顺时针匀速转动，从动摇杆 CD 在两个极位间作往复摆动，设从 C_1D 到 C_2D 的行程为工作行程，该工作行程克服阻力对外做功；从 C_2D 到 C_1D 的行程为空回行程，该空回行程只克服运动副中的摩擦力，C 点在工作行程和空回行程的平均速度分别为 v_1 和 v_2。由于曲柄 AB 在两行程中的转角分别为 $\varphi_1=180°+\theta$ 和 $\varphi_2=180°-\theta$，所对应时间 $t_1>t_2$。因此，$v_2>v_1$。机构空回行程速度大于工作行程速度的特性，称为急回特性。它能满足某些机械的工作要求。例如，牛头刨床和插床，工作行程要求速度小而均匀，以提高加工质量；空回行程要求速度大，以缩短非工作时间，提高工作效率。

急回运动特性的程度可用行程速比系数 K 表示，即

$$K=\frac{v_2}{v_1}=\frac{\dfrac{\widehat{C_1C_2}}{t_2}}{\dfrac{\widehat{C_1C_2}}{t_1}}=\frac{t_1}{t_2}=\frac{180°+\theta}{180°-\theta} \tag{4-1}$$

由式（4-1）可得极位夹角的计算式为

$$\theta=180°\frac{K-1}{K+1} \tag{4-2}$$

式（4-1）表明，机构的急回程度取决于极位夹角 θ 的大小。只要 $\theta\neq0°$，总有 $K>1$，机构具有急回特性；θ 越大，K 值越大，机构的急回作用越显著。

对对心式曲柄滑块机构，因 $\theta=0°$，故无急回特性；对偏置式曲柄滑块机构和推

动导杆机构，因不可能出现 $\theta = 0°$ 的情况，故恒具有急回特性。

设计新机构时，可根据该机构的急回要求先确定 K 值，然后由式（4-2）求出 θ，再设计各构件的尺寸。

三、平面四杆机构的传力特性

在生产实际中，不仅要求连杆机构能满足机器的运动要求，而且希望运转轻便，效率较高，即具有良好的传力性能。

（一）压力角和传动角

衡量机构传力性能的特性参数是压力角。在不计摩擦力、惯性力和重力时，从动件上受力点的速度方向与所受作用力方向之间所夹的锐角，称为机构的压力角，用 α 表示。

如图 4-16 所示为以曲柄 AB 为原动件的曲柄摇杆机构，摇杆 CD 为从动件。由于不计摩擦力，连杆 BC 为二力杆。任一瞬时曲柄通过连杆作用于从动件上的驱动力 F 均沿 BC 方向。受力点 C 点的速度 v_C 的方向垂直于 CD 杆，力 F 与速度 v_C 之间所夹的锐角 α 即该位置的压力角。力 F 可分解为沿 v_C 方向上的有效分力 $F_t = F\cos\alpha$ 和沿 v_C 垂直方向的无效分力 $F_n = F\sin\alpha$。显然，压力角 α 越小，有效分力 F_t 越大，对机构传动越有利。因此，压力角 α 是衡量机构传力性能的重要指标。

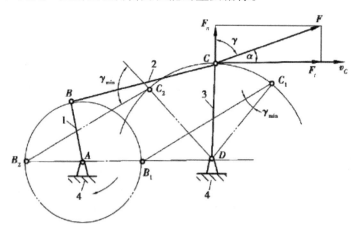

图 4-16　曲柄摇杆机构的压力角与传动角

1, 3—摇杆；2—连杆；4—机架

在具体应用中，为度量方便和更为直观，通常以连杆和从动件所夹的锐角 γ 来判断机构的传力性能，γ 称为传动角。它是压力角 α 的余角。显然，传动角 γ 越大，机构的传力性能越好。

在机构运动过程中，压力角和传动角的大小是随机构位置变化而变化的。为保证机构传力良好，设计时须限定最小传动角 γ_{min}。通常取 $\gamma_{min} \geqslant 40° \sim 50°$。

可以证明，如图 4-16 所示曲柄摇杆机构的 γ_{min} 必出现在曲柄 AB 与机架 AD 两次共线位置之一。

如图 4-17 所示为以曲柄为原动件的曲柄滑块机构。其传动角 γ 为连杆与导路垂线的夹角，最小传动角 γ_{min} 出现在曲柄垂直于导路时的位置。对偏置曲柄滑块机构（见图 4-17），γ_{min} 出现在曲柄位于与偏距方向相反一侧的位置。

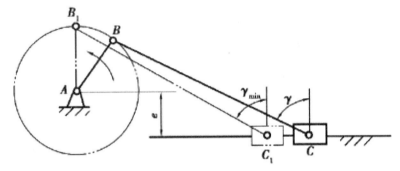

图 4-17　曲柄滑块机构的传动角

如图 4-18 所示为以曲柄为原动件的摆动导杆机构。因滑块对导杆的作用力始终垂直于导杆，故其传动角恒等于 90°，说明摆动导杆机构具有最好的传力性能。

应当注意，如图 4-19 所示，在曲柄摇杆机构中以摇杆为原动件、曲柄为从动件时，从动件上的受力点为 B 点，压力角 α 的位置应表示在 B 点。

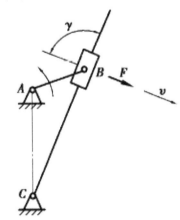

图 4-18　摆动导杆机构的传动角

（二）止点位置

在如图 4-19 所示的曲柄摇杆机构中，摇杆 CD 为原动件，曲柄 AB 为从动件。当摇杆摆到极限位置 C_1D 和 C_2D 时，连杆与从动曲柄共线，机构两位置的压力角 $\alpha_1 = \alpha_2 = 90°$。此时，有效驱动力矩为零，不能使从动曲柄转动，机构处于停顿状态。

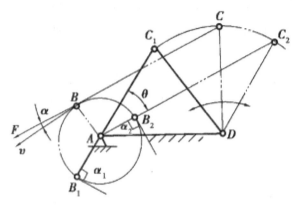

图 4-19 曲柄摇杆机构的止点位置

平面连杆机构压力角 $\alpha=90°$、传动角 $\gamma=0°$ 的位置，称为止点位置。当机构处于止点位置时，会出现"卡死"或运动不确定（工作件在该位置可能向反方向转动）的情况。具有极位的四杆机构，当以往复运动构件为主动件时，机构均有两个止点位置。

对于传动而言，止点的存在是不利的，它使机构处于停顿或运动不确定状态。例如，脚踏式缝纫机，有时出现踩不动或倒转现象，就是踏板机构处于止点位置的缘故。为了克服这种现象，使机构正常运转，一般可在从动件上安装飞轮，利用其惯性顺利通过止点位置，如缝纫机上的大带轮即起了飞轮的作用。

在工程实践中，通常利用机构的止点来实现一些特定的工作要求。如图 4-20（a）所示的钻床夹具就是利用止点位置夹紧工件，并保证在钻削加工时工件不会松脱；如图 4-20（b）所示的折叠式靠椅，靠背 AD 可视为机架，靠背脚 AB 可视为主动件，使用时机构处于图示止点位置，因而人坐靠在椅子上，椅子不会自动松开或合拢；如图 4-6（a）所示的飞机起落架机构也是利用止点位置来使飞机承受降落时地面对它的冲击力的。

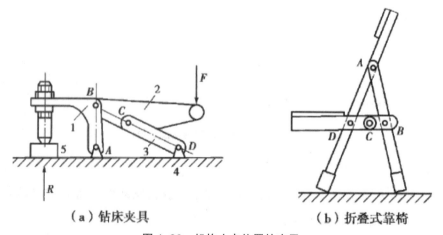

（a）钻床夹具　　　　　　　（b）折叠式靠椅

图 4-20　机构止点位置的应用

1，2，3—连杆；4—机架；5—工件

（三）自锁现象

如果考虑运动副中的摩擦，则不仅处于止点位置时机构无法运动，而且处于止点位置附近的一定区域内，机构同样会发生"卡死"现象，即自锁。在摩擦力的作用下，无论驱动力（或驱动力矩）多大，都不能使原来不动的机构产生运动的现象，称为自锁。

四杆机构止点位置附近区域一定是自锁位置，该区域的大小取决于摩擦的性质及摩擦因数的大小。

第三节 平面四杆机构的运动设计

平面四杆机构运动设计的主要任务是：根据机构的工作要求和设计条件选定机构形式，并确定各构件的尺寸参数。

在生产实践中，平面四杆机构设计的基本问题可归纳为以下两类。

1. 实现给定从动件的运动规律

如要求从动件按某种速度运动或具有一定的急回特性，要求满足某构件占据几个预定位置等。

2. 实现给定的运动轨迹

如要求起重机中吊钩的轨迹为一直线，搅拌机中搅拌杆端能按预定轨迹运动等。

四杆机构运动设计的方法有图解法、实验法和解析法3种。图解法和实验法直观、简明，但精度较低，可满足一般设计要求；解析法精确度高，适于用计算机计算。随着计算机应用的普及，计算机辅助设计四杆机构已成必然趋势。由于图解法有助于对设计原理的理解。因此，本节只对图解法进行适当介绍，对实验法与解析法进行简单介绍。

一、用图解法设计四杆机构

（一）按给定的行程速比系数 K 设计四杆机构

设计具有急回特性的四杆机构，一般是根据实际运动要求选定行程速比系数 K 的数值，然后根据机构极位的几何特点，结合其他辅助条件进行设计。具有急回特性的四杆机构有曲柄摇杆机构、偏置曲柄滑块机构和摆动导杆机构等。它们的设计均以典型的曲柄摇杆机构设计为基础。下面是其设计程序。

问题描述：设已知行程速比系数 K、摇杆长度 l_{CD}、最大摆角 ψ，试用图解法设计此曲柄摇杆机构。

设计分析：由曲柄摇杆机构处于极位时的几何特点 [见图 4-15（a）] 可知，在已知 l_{CD}，ψ 的情况下，只要能确定固定铰链中心 A 的位置，则可由 $l_{CD_1} = l_{BC} - l_{AB}$，$l_{CD_2} = l_{BC} + l_{AB}$ 确定曲柄长度 l_{AB} 和连杆长度 l_{BC}，即设计的实质是确定固定铰链中心 A 的位置。已知 K 后，由式（4-2）可求得极位夹角 θ 的大小，这样就可把 K 的要求转换成几何要求了。假设图 4-21 为已经设计出的该机构的运动简图，铰链 A 的位置必须满足极位夹角 $\angle C_1AC_2 = \theta$ 的要求。若能过 C_1，C_2 两点作出一辅助圆，使弦 C_1C_2 所对应的圆周角等于 θ，那么，铰链 A 只要在这个圆上，就一定能满足 K 的要求了。显然，这样的辅助圆是容易作出的。

具体设计步骤如下（见图 4-21）：

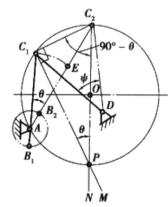

图 4-21　按 K 值图解设计曲柄摇杆机构

①按 $\theta = 180° \dfrac{K-1}{K+1}$ 计算出极位夹角 θ。

②任取固定铰链中心 D 的位置，选取适当的长度比例尺 μ_l，根据已知摇杆长度 l_{CD} 和摆角 ψ，作出摇杆的两个极限位置 C_1D 和 C_2D。

③连接 C_1，C_2 两点，作 $C_1M \perp C_1C_2$，$\angle C_1C_2N = 90° - \theta$，直线 C_1M 与 C_2N 交于 P 点，显然 $\angle C_1PC_2 = \theta$。

④以 PC_2 为直径作辅助圆，在该圆周上任取一点 A，连接 AC_1，AC_2，则 $\angle C_1AC_2 = \theta$。

⑤量出 AC_1，AC_2 的长度 l_{AC_1} 和 l_{AC_2}，由此可求得曲柄和连杆的长度为

$$l_{AB} = \mu_l \frac{l_{AC_2} - l_{AC_1}}{2}, \quad l_{BC} = \mu_l \frac{l_{AC_2} + l_{AC_1}}{2}$$

⑥机架的长度 l_{CD} 可直接量得，再按比例尺 μ_l 计算即可得出实际长度。

由于 A 为辅助圆上任选的一点，因此可有无穷多的解。当给定一些其他辅助条件，如机架长度 l_{CD}、最小传动角 γ_{min} 等，则有唯一解。

同理，可设计出满足给定行程速比系数 K 值的偏置曲柄滑块机构、摆动导杆机构等。

（二）按连杆的预定位置设计四杆机构

在生产实践中，经常要求所设计的四杆机构在运动过程中连杆能达到某些特殊位置。这类机构的设计同于实现构件预定位置的设计问题，它可分为已知连杆两个位置、三个位置和多个位置等情况。

1.按连杆的三个预定位置设计四杆机构

问题描述：设已知连杆的三个预定位置 B_1C_1，B_2C_2，B_3C_3，且 B_1，B_2，B_3 及 C_1，C_2，C_3 各符合三点不共线（思考：其中之一的三点共线时会怎样）（见图4-22），试设计满足此条件的平面四杆机构。

设计分析：此设计的主要问题是根据已知条件确定固定铰链 A，D 的位置。由于连杆上 B，C 两点的运动轨迹分别是以 A，D 为圆心，以 l_{AB}，l_{CD} 为半径的圆弧，因此 A 即 B_1，B_2，B_3 点所作圆弧的圆心；同理，D 即 C_1，C_2，C_3 点所作圆弧的圆心。此设计的实质简化为已知圆弧上的3点求圆心的几何问题。

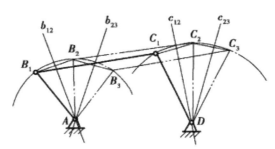

图4-22 按连杆3个预定位置图解设计四杆机构

具体设计步骤如下：

①选取比例尺 μ_1，按预定位置画出 B_1C_1，B_2C_2，B_3C_3。

②连接 B_1B_2，B_2B_3，C_1C_2，C_2C_3，并分别作 B_1B_2 的中垂线 b_{12}，B_2B_3 的中垂线 b_{23}，C_1C_2 的中垂线 c_{12}，C_2C_3 的中垂线 c_{23}，b_{12} 与 b_{23} 的交点即圆心 A，c_{12} 与 c_{23} 的交点即圆心 D。

③以点 A，D 作为两固定铰链中心，连接 A，B_1，C_1，D，则 AB_1C_1D 即为所要设计的四杆机构，各杆长度按比例尺计算即可得出。

2.按连杆的两个预定位置设计四杆机构

问题描述：设已知连杆的两个预定位置 B_1C_1，B_2C_2，两位置不共线（思考：共线时会怎样），试设计此四杆机构。

设计分析：由前分析可知，如图4-23所示，A 点可为 B_1B_2 的中垂线 b_{12} 上的任一点，D 点可为 C_1C_2 的中垂线 c_{12} 上的任一点，故有无数个解。实际设计时，一般考虑辅助条件，如机架位置、结构紧凑等，则可得唯一解。

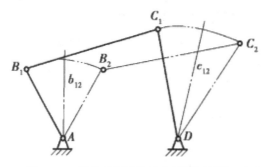

图 4-23 按连杆两个预定位置图解设计四杆机构

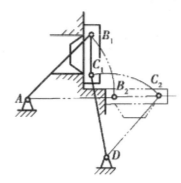

图 4-24 加热炉门启闭机构

如图 4-24 所示加热炉门的启闭机构，要求加热时炉门（连杆）处于关闭位置 B_1C_1，加热后炉门处于开启位置 B_2C_2。如图 4-25 所示铸造车间造型机的翻台机构，要求翻台（连杆）在实线位置时填沙造型，在双点画线位置时托台上升起模，即要求翻台能实现 B_1C_1，B_2C_2 两个位置。如图 4-26 所示的可逆式座椅机构，也是要求椅背（连杆）能到达图中左右两个位置。显然，这些都属于按连杆的两个预定位置设计四杆机构的问题。

3. 按连杆多个预定位置设计四杆机构的问题讨论

从前面的研究可知，当连杆预定位置超过三个时，铰链中心 A 和 D 的确定将发生困难，一般情况无法取得准确解（满足多点共圆条件的特殊情况除外）。

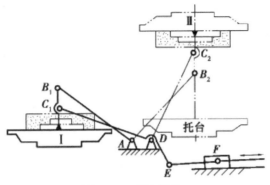

图 4-25　翻台机构

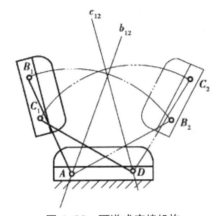

图 4-26　可逆式座椅机构

二、用实验法（图谱法）设计四杆机构

按给定的运动轨迹设计四杆机构通常采用实验法。这里介绍工程中常用的图谱法。

四杆机构运动时，连杆作复杂平面运动，连杆上任一点的轨迹，称为连杆曲线。连杆曲线的形状随点在连杆上的位置及各杆相对长度的不同而变化。由连杆曲线的多样性，常将它应用于工程中的某些机械，以实现所给定的运动轨迹，或完成一定的生产要求和动作。例如，图 4-27 所示的水稻插秧机，为使秧爪顺利地取秧和将秧苗插入土中，要求秧爪上的 E 点能按 β—β 轨迹运动，这条复杂的运动轨迹就是用连杆曲线实现的；又如，起重机、搅拌机等机器中所要求的运动轨迹，也都是用连杆曲线来实现的。

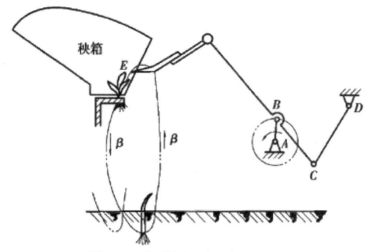

图 4-27　水稻插秧机秧爪的运动轨迹

在运动精度要求不高时，可运用图谱法设计四杆机构。工程中应用的"四杆机构分析图谱"就是用实验方法，取不同杆长获得的连杆上不同点的轨迹集成，设计者可先从图谱中找出与给定运动轨迹相似的连杆曲线，然后查出形成该连杆曲线的四杆机构各杆长度的相对值，从而确定所设计机构的各尺寸参数。

如图 4-27 所示，所要求的 β—β 轨迹，可在图谱中某页找到如图 4-28（a）所示连杆曲线图中的相似曲线 β—β，它是连杆上 E 点的轨迹。可直接查出机构各杆相对长度为 l_{AB}：l_{BC}：l_{CD}：l_{AD}=1：2：2.5：3（l_{AB} 为一个单位长度），并量得 E 点在连杆上的位置。

由于各杆长度按比例放大或缩小，不会改变连杆曲线的特性。因此，当已知轨迹与相似曲线大小不同时，可用缩放仪求出两者之间的倍率，并将查得的相对杆长乘以这个倍率，即可求得各构件的实际尺寸，确定所设计机构的运动简图。如图 4-28（b）所示为按上述图谱法设计的秧爪机构的运动简图。

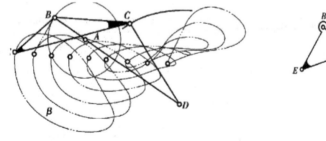

图4-28（a）　连杆曲线图

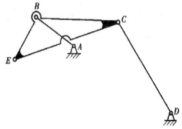

图4-28（b）　秧爪机构运动简图

图 4-28　图谱法设计四杆机构

近年来，随着计算机辅助设计技术 CAD 的发展，用计算机动态模拟显示定点运动轨迹技术已相当成熟，设计精度因此大大提高。连杆轨迹设计计算机解决方案的理论基础是解析法。

三、解析法设计四杆机构

在如图 4-29 所示的铰链四杆机构中，设已知连架杆 AB 和 CD 的三组对应位置 φ_1，ψ_1；φ_2，ψ_2；φ_3，ψ_3。要求用解析法确定各构件的长度。

如图 4-29 所示，选取直角坐标系 xOy，将各杆分别向 x 轴和 y 轴投影，得

$$l_1 \cos\varphi + l_2 \cos\delta = l_4 + l_3 \cos\psi$$
$$l_1 \sin\varphi + l_2 \sin\delta = l_3 \sin\psi$$

（4-3）

将方程组（4-3）中的 δ 消去，可得

$$R_1 + R_2 \cos\varphi + R_3 \cos\psi = \cos(\varphi - \psi)$$

（4-4）

式中

$$R_1 = \frac{l_4^2 + l_1^2 + l_3^2 - l_2^2}{2 l_1 l_3}$$

$$R_2 = \frac{-l_4}{l_3}$$

$$R_3 = \frac{l_4}{l_1}$$

（4-5）

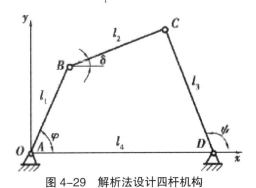

图 4-29 解析法设计四杆机构

式（4-4）为两连架杆转角 φ，ψ 之间的关系式，将已知的三组对应位置 φ_1 和 ψ_1，φ_2 和 ψ_2，φ_3 和 ψ_3 分别代入，可得到线性方程组

$$R_1 + R_2 \cos\varphi_1 + R_3 \cos\psi_1 = \cos(\varphi_1 - \psi_1)$$
$$R_1 + R_2 \cos\varphi_2 + R_3 \cos\psi_2 = \cos(\varphi_2 - \psi_2)$$
$$R_1 + R_2 \cos\varphi_3 + R_3 \cos\psi_3 = \cos(\varphi_3 - \psi_3)$$

由线性方程组可解出 R_1，R_2，R_3，然后根据具体情况选定机架长度 l_4，则可由式（4-5）求出各杆长度为

$$l_1 = \frac{l_4}{R_3}$$

$$l_2 = \sqrt{l_1^2 + l_3^2 + l_4^2 - 2l_1 l_3}\, R_1$$

$$l_3 = \frac{-l_4}{R_2}$$

用解析法设计四杆机构可得到较为精确的设计结果，但计算工作量大。随着计算机应用的普及，解析法设计四杆机构目前已进入实用阶段。

第五章　带传动

本章主要介绍带传动的类型、工作原理、特点和 V 带标准；带传动的受力和应力分析；V 带传动的设计准则和设计计算；许用功率、带轮设计和张紧装置。

第一节　带传动的工作原理和传动形式

带传动一般由主动带轮、从动带轮和张紧在两轮上的传动带组成（图 5-1）。当主动带轮转动时，利用带轮和传动带之间的摩擦力或啮合作用，将运动和力通过传动带传递给从动带轮。

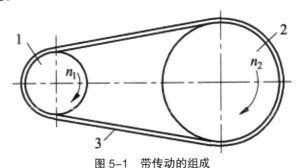

图 5-1　带传动的组成

1—主动带轮；2—从动带轮；3—传动带

带传动结构简单，传动平稳、能缓冲吸振，可实现大轴间距的远距离传动 [两轴可相互平行（图 5-1）或任意角度布置（图 5-2）]。根据工作原理的不同，带传动可分为摩擦型带传动和啮合型带传动。

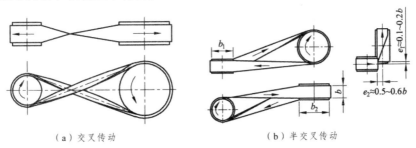

（a）交叉传动　　　　（b）半交叉传动

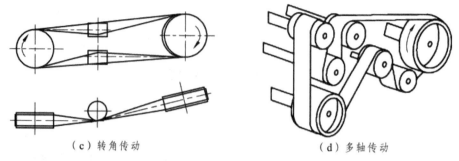

（c）转角传动 （d）多轴传动

图 5-2 带传动的各种形式

在摩擦型带传动中，根据带的横截面形状，又可分为平带传动 [图 5-3（a）]，V带传动 [图 5-3（b）]、多楔带传动 [图 5-3（c）] 和圆带传动 [图 5-3（d）]。

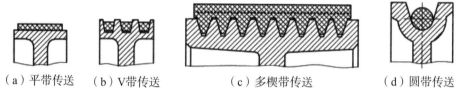

（a）平带传送 （b）V带传送 （c）多楔带传送 （d）圆带传送

图 5-3 摩擦型带的截面形状

平带传动结构简单，适用于大轴间距、高带速（最高可达 100m/s）和多轴传动 [图 5-2(d)]，传递的圆周力大。平带横截面呈矩形，常用的有帆布芯平带、编织平带（棉织、毛织和缝合棉布带）、锦纶片复合平带等。

V带的横截面呈等腰梯形，带张紧在带轮的楔形槽内，工作面为与轮槽相接触的两侧面（带不允许与轮槽底接触）。因槽面摩擦可以提供更大的摩擦力，V带适用于小轴间距下的大传动比传动，主要用于一般机械传动中的中等功率传动。

多楔带以平带为基体，内表面有等距纵向楔，工作面为楔的侧面。多楔带兼有平带柔韧性好和V带摩擦力大的优点，并改善了多根V带长短不一引起的受力不均状况，适用于要求结构紧凑、传递功率较大的场合。

圆带横截面呈圆形，结构简单，多用于线速度较低（$v < 15m/s$）、小功率传动场合，其材料常为皮革、棉、麻、锦纶、聚氨酯等。

啮合型带传动也称为同步带传动，依靠传动带内表面的凸齿与带轮外缘上的齿槽进行啮合传动（图 5-4）。与摩擦型带传动相比，它能实现恒定的传动比，定位精度高。

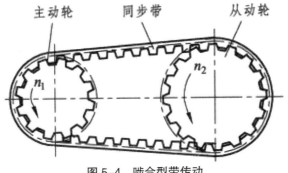

图 5-4 啮合型带传动

第二节 V 带和 V 带轮

一、V 带的类型和结构

V 带分为普通 V 带、窄 V 带、宽 V 带、大楔角 V 带、汽车 V 带等多种类型，其中普通 V 带和窄 V 带应用最广。普通 V 带均制成无接头的环形带，根据结构分为包边 V 带和切边 V 带（图 5-5），由包布层、顶胶、抗拉体和底胶组成。

普通 V 带和窄 V 带已标准化。按带截面尺寸的不同，普通 V 带有 7 种型号，窄 V 带有 4 种型号。普通 V 带截面尺寸见表 5-1。

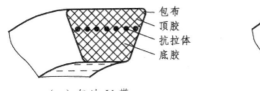

（a）包边 V 带

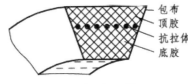

（b）切边 V 带

图 5-5 普通 V 带的结构

表 5-1 普通 V 带截面尺寸和 V 带轮轮缘尺寸

型号	Y	Z	A	B	C	D	E
b_p/mm	5.3	8.5	11.0	14.0	19.0	27.0	32.0
b/mm	6	10	13	17	22	32	38
h/mm	4	6	8	11	14	19	23
θ/(°)				40			
每米带长质量 q/（kg/mm）	0.023	0.06	0.105	0.170	0.300	0.630	0.970
$h_{f_{min}}$/mm	4.7	7.0	8.7	10.8	14.3	19.9	23.4
$h_{a_{min}}$/mm	1.6	2.0	2.75	3.5	4.8	8.1	9.6
e/mm	8±0.3	12±0.3	15±0.3	19±0.3	25.5±0.3	37±0.3	44.5±0.3
f_{min}/mm	6	7	9	11.5	16	23	28
b_d/mm	5.3	8.5	11.0	14.0	19.0	27.0	32.0

续表

型号		Y	Z	A	B	C	D	E
δ_{min}/mm		5	5.5	6	7.5	10	12	15
B/mm		$B=(z-1)e+2f$, z 为带根数						
φ	32°	对应的 dd	≤ 60	—	—	—	—	—	—
	34°		—	≤ 80	≤ 118	≤ 190	≤ 315	—	—
	36°		> 60	—	—	—	—	≤ 475	≤ 600
	38°		—	> 80	> 118	> 190	> 315	> 475	> 600

与普通 V 带相比，在带的宽度相同时，窄 V 带的高度约增加 1/3（图 5-6），承载能力有较大的提高，适用于传递功率较大同时要求外形尺寸较小的场合。

（a）普通 V 带　　　　　　（b）窄 V 带

图 5-6　普通 V 带与窄 V 带的截面比较

二、V 带传动的主要几何参数

当 V 带垂直于顶面弯曲，从横截面上看，顶胶变窄，底胶变宽，在顶胶和底胶之间的某个位置宽度保持不变，这个宽度称为带的节宽 b_p（表 5-1）。在带轮上与 V 带节宽 b_p 相对应的带轮直径称为基准直径 d_d。V 带在规定的张紧力下，位于测量带轮基准直径上的周线长度称为 V 带的基准长度 L_d，其基准长度系列见表 5-2。

表 5-2　普通 V 带的基准长度 L_d（mm）及带长修正系数 K_L

Y		Z		A		B		C		D		E	
L_d	K_L	L_d	K_L	L_d	K_L	L_d	K_L	L_d	K_L	L_d	K_L	L_d	K_L
200	0.81	405	0.87	630	0.81	930	0.83	1565	0.82	2470	0.82	4660	0.91
224	0.82	475	0.90	700	0.83	1000	0.84	1760	0.85	3100	0.86	5040	0.92
250	0.84	530	0.93	790	0.85	1100	0.86	1950	0.87	3330	0.87	5420	0.94
280	0.87	625	0.96	890	0.87	1210	0.87	2195	0.90	3730	0.90	6100	0.96
315	0.89	700	0.99	990	0.89	1370	0.90	2420	0.92	4080	0.91	6850	0.99
355	0.92	780	1.00	1100	0.91	1560	0.92	2715	0.94	4620	0.94	7650	1.01
400	0.96	920	1.04	1250	0.93	1760	0.94	2880	0.95	5400	0.97	9150	1.05
450	1.00	1080	1.07	1430	0.96	1950	0.97	3080	0.97	6100	0.99	12230	1.11
500	1.02	1330	1.13	1550	0.98	2180	0.99	3520	0.99	6840	1.02	13750	1.15
		1420	1.14	1640	0.99	2300	1.01	4060	1.02	7620	1.05	15280	1.17
		1540	1.54	1750	1.00	2500	1.03	4600	1.05	9140	1.08	16800	1.19
				1940	1.02	2700	1.04	5380	1.08	10700	1.13		
				2050	1.04	2870	1.05	6100	1.13	12200	1.16		
				2200	1.06	3200	1.07	6815	1.16	13700	1.19		
				2300	1.07	3600	1.09	7600	1.19	15200	1.21		
				2480	1.09	4060	1.13	9100	1.21				
				2700	1.10	4430	1.15	10700	1.24				
						4820	1.17						
						5370	1.20						
						6070	1.24						

　　在规定的张紧力下，两带轮轴线间的距离 a 称为中心距，带与带轮接触弧所对应的中心角为大小带轮的包角 a_1、a_2。

　　根据图 5-7 所示的几何关系，可得

$$a = 180° \mp \frac{d_{d_2} \quad d_{d_1}}{a} \times \frac{180°}{\pi} \tag{5-1}$$

$$L_d \approx 2a + \frac{\pi}{2}\left(d_{d_1} + d_{d_2}\right) + \frac{\left(d_{d_2} - d_{d_1}\right)^2}{4a} \tag{5-2}$$

$$a \approx \frac{1}{8}\left\{ 2L_d - \pi\left(d_{d_2} + d_{d_1}\right) + \sqrt{\left[2L_d - \pi\left(d_{d_2} + d_{d_1}\right)\right]^2 - 8\left(d_{d_2} - d_{d_1}\right)^2} \right\} \tag{5-3}$$

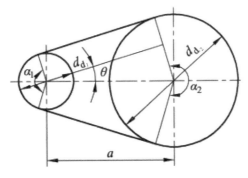

图 5-7　带传动的主要几何参数

三、V 带轮

带轮一般采用铸铁 HT150 或 HT200 制造，适用于带速 $\upsilon \leqslant 30\text{m/s}$ 的场合，速度更高时，可采用铸钢或钢板冲压后焊接，小功率时，可采用铸铝或塑料。

V 带轮由轮缘、轮辐和轮毂组成。带轮直径较小时可采用实心式 [图 5-8（a）]，中等直径的带轮可采用腹板式或孔板式 [图 5-8（b）、（c）]，当直径大于 300mm 时，可采用轮辐式 [图 5-8（d）]。

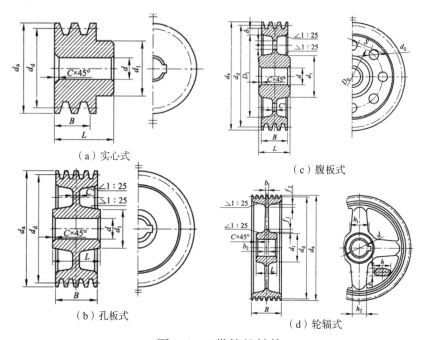

（a）实心式　　　　　　　　　　　（c）腹板式

（b）孔板式　　　　　　　　　　　（d）轮辐式

图5-8　V带轮的结构

图中有关尺寸可按下列各式估算：

d_1=（1.8~2）d，d 为轴的直径；h_2=0.8h_1；D_0=0.5（D_1+d_1）；b_1=0.4h_1

d_0=（0.2~0.3）（D_1-d_1）；b_2=0.8b_1；C'=（1/7~1/4）B；$s=C'$

L=（1.5~2）d，当 $B<1.5$ 时 $L=B$；f_1=0.2h_1；f_2=0.2h_2；$h_1=290\sqrt[3]{P/\left(nz_a\right)}$

式中 P——传递的功率（kW）；

n——带轮的转速（r/min）；

z_a——轮辐数。

普通 V 带轮轮缘的各部分尺寸见表 5-1。

V 带两侧面的夹角均为 40°，V 带绕上带轮后发生弯曲变形使其夹角变小。为了保证 V 带的工作面与带轮的轮槽工作面紧密贴合，将 V 带轮轮槽角规定为 32°、34°、36°、38°（按带的型号及带轮的直径确定）。

四、V 带轮工作图示例

V 带轮工作图如图 5-9 所示。

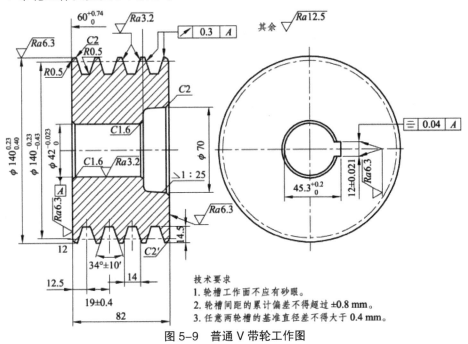

图 5-9 普通 V 带轮工作图

第三节 带传动的受力分析和应力分析

一、带传动的受力分析

带张紧在带轮上,带的两边将受到相同的初拉力 F_0[图 5-10（a）]。当带传动工作时,因带和带轮间的静摩擦力作用使带进入主动轮的一边进一步拉紧,拉力由 F_0 增至 F_1,带绕出主动轮的一边同时放松,拉力由 F_1 降至 F_2,形成紧边和松边 [图 5-10（b）]。

如果近似认为带的总长度保持不变,并假设带为线弹性体,则带紧边拉力的增加量应等于松边拉力的减少量,即

$$F_1 - F_0 = F_0 - F_2 \qquad (5\text{-}4)$$

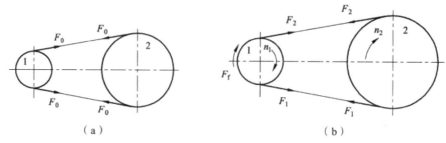

图 5-10　带传动的受力情况

带紧边和松边的拉力差为带传动所传递的有效拉力 F_e，取与主动小带轮接触的传动带为分析对象（图 5-11），则传动带力矩平衡条件为

$$F_f \frac{d_{d_1}}{2} = F_1 \frac{d_{d_1}}{2} - F_2 \frac{d_{d_1}}{2} \tag{5-5}$$

可得

$$F_e = F_f = F_1 - F_2 \tag{5-6}$$

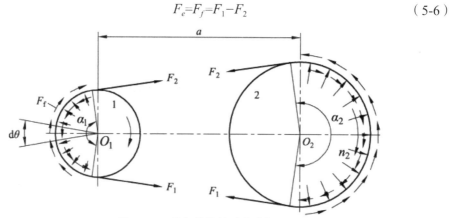

图 5-11　带与带轮的受力分析

有效拉力 F_e（N）、带速 v（m/s）和传递功率 P（kW）之间的关系为

$$P = F_e v/1000 \ （\text{kW}） \tag{5-7}$$

由上式可知，若带速 v 一定，带传递的功率 P 取决于带传动中的有效拉力 F_e，即带和带轮之间的总摩擦力 F_f。但 F_f 存在一极限值 $F_{f_{lim}}$，超过这一极限值，带在带轮上发生全面滑动而使传动失效，这种现象称为打滑，应予避免。

当带传动中有打滑趋势时，摩擦力达到临界值，这时带传动的有效拉力也达到最大值。在即将打滑、尚未打滑的临界状态，紧边拉力 F_1 和松边拉力 F_2 的关系由挠性体摩擦的欧拉公式表示

$$F_1 = F_2 e^{fa} \tag{5-8}$$

式中 e——自然对数的底，$e = 2.7183$；

α——包角，rad；

f——带和轮缘间的摩擦因数。

由公式（5-4）、（5-6）和（5-8）可得

$$
\begin{cases}
F_1 = F_{ee} \dfrac{e^{fa}}{e^{fa}-1} \\[2mm]
F_{2e} = F_{ee} \dfrac{1}{e^{fa}-1} \\[2mm]
F_{ee} = 2F_0 \dfrac{e^{fa}-1}{e^{fa}+1}
\end{cases}
\tag{5-9}
$$

由上式可知，带传动处于即将打滑还未打滑的临界状态时的最大有效拉力 F_e（总摩擦力的极限值 $F_{f_{lim}}$），随初拉力 F_0，包角 α，摩擦因数 f 的增大而增大。其中 F_0 的影响最大，它直接影响到带传动的工作能力，但如果 F_0 过大，将使带的磨损加剧，缩短带的使用寿命，如 F_0 过小，则带的工作能力得不到充分发挥。因此，设计带传动时必须合理确定 F_0 值。

二、带的应力分析

带传动工作中，会产生以下三种应力。

（一）紧边和松边拉力产生的拉应力

$$
紧边拉应力\ \sigma_1 = \frac{F_1}{A}\ （MPa）
\tag{5-10}
$$

$$
松边拉应力\ \sigma_2 = \frac{F_2}{A}\ （MPa）
\tag{5-11}
$$

式中 A——带的横截面积（mm²）。

（二）离心力产生的拉应力

带随着带轮做圆周运动，带自身的质量将产生离心力，从而在带中产生离心拉力。由离心拉力产生的离心拉应力 σ_c 为

$$
\sigma_c = \frac{qv^2}{A}\ （MPa）
\tag{5-12}
$$

式中 q——每米带长的质量（kg/m），见表 5-1；

v——带速（m/s）。

根据上式，q 和 v 越大，σ_c 越大，因此，普通 V 带传动带速不宜过高，高速传动场合应采用薄而轻的高速带。

（三）弯曲应力

带绕上带轮，因弯曲而产生弯曲应力 σ_b，由材料力学可得

$$\sigma_b \approx E\frac{h}{d_d} \qquad (5-13)$$

式中 E——带材料的弹性模量（MPa）；

h——带的高度（mm），见表 5-1。

由上式可知，带越厚，带轮直径越小，带所受到的弯曲应力就越大。显然，带在小带轮上的弯曲应力 σ_{b_1} 大于带在大带轮上的弯曲应力 σ_{b_2}。

图 5-12 所示为带工作时应力在带上的分布情况。带中最大的应力发生在紧边刚绕上小带轮处，表示为

$$\sigma_{max}=\sigma_1+\sigma_c+\sigma_{b_1} \quad（MPa） \qquad (5-14)$$

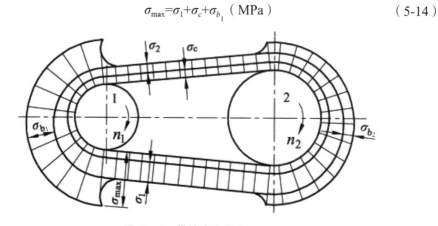

图 5-12　带的应力分布

由图 5-12 可知，带在变应力作用下工作，带每绕转一周，任意截面的应力周期性地变化一次。单位时间内，带的绕行次数越多，带越容易发生疲劳破坏。

三、带传动的弹性滑动和打滑

带是弹性体，在拉力作用下产生弹性伸长。如图 5-13 所示，在小带轮上，带的拉力从紧边拉力 F_1 逐渐减小为松边拉力 F_2，带的单位伸长量也随之减小，带相对于小带轮向后退缩，使得带的速度低于小带轮的线速度 v_1；在大带轮上，带的拉力从松边拉力 F_2 逐渐增大为紧边拉力 F_1，带的单位伸长量也随之增加，带相对于大带轮向前伸长，使得带的速度高于大带轮的线速度 v_2。这种由于带的弹性变形引起的带与带轮之间的滑动，称为弹性滑动。弹性滑动引起的大带轮的线速度 v_2 的降低率称为带传动的滑动率，以 ε 表示：

$$\varepsilon = \frac{v_1 - v_2}{v_1} \times 100\% \qquad (5-15)$$

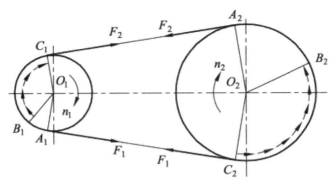

图 5-13　带传动的弹性滑动

$$v_1 = \frac{\pi d_{d_1} n_1}{60 \times 1000} \qquad (5\text{-}16)$$

$$v_2 = \frac{\pi d_{d_2} n_2}{60 \times 1000} \qquad (5\text{-}17)$$

式中 n_1，n_2——主、从动轮的转速（r/min）。

由上式可得，在考虑弹性滑动的情况下，带传动的平均传动比为

$$i = \frac{n_1}{n_2} = \frac{d_{d_2}}{(1-\varepsilon) d_{d_1}} \qquad (5\text{-}18)$$

在一般的带传动中，因滑动率不大（ $\varepsilon = 1\% \sim 2\%$ ），故可以不考虑，取传动比为

$$i = \frac{n_1}{n_2} = \frac{d_{d_2}}{d_{d_1}} \qquad (5\text{-}19)$$

需要指出的是，弹性滑动和打滑是两个截然不同的概念。弹性滑动是由带工作时紧边和松边存在拉力差，使带的两边的弹性变形量不相等引起的带与带轮之间局部的微小的相对滑动，这是带传动在正常工作时固有的特性，是不可避免的。打滑是由于过载而引起的带在带轮上的全面滑动。打滑时带的磨损加剧，从动轮转速急剧降低甚至停止，导致传动失效，故应避免。但是，当带传动所传递的功率突然增大超过设计功率时，这种打滑可以起到过载保护的作用。

第四节　普通 V 带传动的设计计算

一、带传动的设计准则和单根普通 V 带的许用功率

带传动的主要失效形式是打滑和疲劳破坏。因此，带传动的设计准则是在保证带传动不打滑的条件下，具有一定的疲劳强度和寿命。

单根 V 带在一定初拉力作用下，不发生打滑且有足够疲劳强度和寿命时能传递的最大功率为单根 V 带的基本额定功率 P_1。由公式（5-7）、（5-9）可得

$$P_1 = \frac{F_{ee}v}{1000} = F_1\left(1-\frac{1}{e^{f v n}}\right)\frac{v}{1000} = \sigma_1 A\left(1-\frac{1}{e^{f v n}}\right)\frac{v}{1000} \qquad （5-20）$$

式中 A——单根普通 V 带的横截面积。

其中为保证带具有一定的疲劳寿命，应使

$$\sigma_{\max}=\sigma_1+\sigma_c+\sigma_{b_1}\leq[\sigma]$$
$$即\ \sigma_1\leq[\sigma]-\sigma_c-\sigma_{b_1} \qquad （5-21）$$

式中 $[\sigma]$——带的许用应力（MPa）。

由式（5-20）和式（5-21）可得

$$P_1 = \frac{\left([\sigma]-\sigma_c-\sigma_{b_1}\right)\left(1-\frac{1}{e^{f v n}}\right)Av}{1000}（\text{kW}） \qquad （5-22）$$

在包角 $\alpha_1=\alpha_2=180°$、特定带长 L_d、载荷平稳的条件下，单根普通 V 带的基本额定功率 P_1 通过试验获得。单根普通 V 带的基本额定功率 P_1 见表 5-3。

表 5-3　单根普通 V 带的基本额定功率 P_1　　　　　单位：kW

型号	小带轮的基准直径 d_{d_1}/mm	小带轮转速 n_1/（r/min）												
		400	700	800	950	1200	1450	1600	2000	2400	2800	3200	3600	4000
Z	50	0.06	0.09	0.10	0.12	0.14	0.16	0.17	0.20	0.22	0.26	0.28	0.30	0.32
	56	0.06	0.11	0.12	0.14	0.17	0.19	0.20	0.25	0.30	0.33	0.35	0.37	0.39
	63	0.08	0.13	0.15	0.18	0.22	0.25	0.27	0.32	0.37	0.41	0.45	0.47	0.49
	71	0.09	0.17	0.20	0.23	0.27	0.30	0.33	0.39	0.46	0.50	0.54	0.58	0.61
	80	0.14	0.20	0.22	0.26	0.30	0.35	0.39	0.44	0.50	0.56	0.61	0.64	0.67
	90	0.14	0.22	0.24	0.28	0.33	0.36	0.40	0.48	0.54	0.60	0.64	0.68	0.72
A	75	0.26	0.40	0.45	0.51	0.60	0.68	0.73	0.84	0.92	1.00	1.04	1.08	1.09
	90	0.39	0.61	0.68	0.77	0.93	1.07	1.15	1.34	1.50	1.64	1.75	1.93	1.87
	100	0.47	0.74	0.83	0.95	1.14	1.32	1.42	1.66	1.87	2.05	2.19	2.28	2.34
	112	0.56	0.90	1.00	1.15	1.39	1.61	1.74	2.04	2.30	2.51	2.68	2.78	2.83
	125	0.67	1.07	1.19	1.37	1.66	1.92	2.07	2.44	2.74	2.98	3.16	3.26	3.28
	140	0.78	1.26	1.41	1.62	1.96	2.28	2.45	2.87	3.22	3.48	3.65	3.72	3.67
	160	0.94	1.51	1.69	1.95	2.36	2.73	2.54	3.42	3.80	4.06	4.19	4.17	3.98
	180	1.09	1.76	1.97	2.27	2.74	3.16	3.40	3.93	4.32	4.54	4.58	4.40	4.00

续表

型号	小带轮的基准直径 d_{d_1}/mm	小带轮转速 n_1/（r/min）												
		400	700	800	950	1200	1450	1600	2000	2400	2800	3200	3600	4000
B	125	0.84	1.30	1.44	1.64	1.93	2.19	2.33	2.64	2.85	2.96	2.94	2.80	2.51
	140	1.05	1.64	1.82	2.08	2.47	2.82	3.00	3.42	3.70	3.85	3.83	3.63	3.24
	160	1.32	2.09	2.32	2.66	3.17	3.62	3.86	4.40	4.75	4.89	4.80	4.46	3.82
	180	1.59	2.53	2.81	3.22	3.85	4.39	4.68	5.30	5.67	5.76	5.52	4.92	3.92
	200	1.85	2.95	3.30	3.77	4.50	5.13	5.46	6.13	6.47	6.43	5.95	4.98	3.47
	224	2.17	3.47	3.86	4.42	5.26	5.97	6.33	7.02	7.25	6.95	6.05	4.47	2.14
	250	2.50	4.00	4.46	5.10	6.04	6.82	7.20	7.87	7.89	7.14	5.60	5.12	—
	280	2.89	4.61	5.13	5.85	6.90	7.76	8.13	8.60	8.22	6.80	4.26		
C	200	2.41	3.69	4.07	4.58	5.29	5.84	6.07	6.34	6.02	5.01	3.23	—	
	224	2.99	4.64	5.12	5.78	6.71	7.45	7.75	8.06	7.57	6.08	3.57	—	
	250	3.62	5.64	6.32	7.04	8.21	9.04	9.38	9.62	8.75	6.56	2.93		
	280	4.32	6.76	7.52	8.49	9.81	10.72	11.06	11.04	9.50	6.13	—		
	315	5.14	8.09	8.92	10.05	11.53	12.46	12.72	12.14	9.43	4.16	—		
	355	6.05	9.50	10.46	11.73	13.31	14.12	14.19	12.59	7.98	—			
	400	7.06	11.02	12.10	13.48	15.04	15.53	15.24	11.95	4.34	—			
	450	8.20	12.63	13.80	15.23	16.59	16.47	15.57	9.64	—				
	355	9.24	13.70	14.83	16.15	17.25	16.77	15.63	—					
	400	11.45	17.07	18.46	20.06	21.20	20.15	18.31						
	450	13.85	20.63	22.25	24.01	24.84	22.02	19.59						
D	500	16.20	23.99	25.76	27.50	26.71	23.59	18.88	—	—	—	—	—	—
	560	18.95	27.73	29.55	31.04	29.67	22.58	15.13	—	—	—	—	—	—
	630	22.05	31.68	33.38	34.19	30.15	18.06	6.25	—	—	—	—	—	—
	710	25.45	35.59	36.87	36.35	27.88	7.99	—	—	—	—	—	—	—
	800	29.08	39.14	39 55	36 76	21 32	—	—	—	—	—	—	—	—

实际工作条件与上述特定条件不同时，应对 P_1 值加以修正。修正后即得实际工作条件下，单根 V 带所能传递的功率，称为额定功率 $[P_1]$。

$$[P_1]=（P_1+\Delta P_1）\times K_a \times K_1 \qquad （5\text{-}23）$$

式中 ΔP_1——功率增量，考虑传动比 $i \neq 1$，带在大带轮上的弯曲应力较小，在同等寿命下可增大传动的功率，见表 5-4；

K_α——包角修正系数，考虑 $\alpha_1 \neq 180°$ 时，对传动能力的影响，见表 5-5；

K_L——带长修正系数，考虑带长不等于特定长度时对传动能力的影响，见表 5-2。

表 5-4　单根普通 V 带 i ≠ 1 时额定功率的增量 ΔP_1

型号	传动比 i	小带轮转速 n_1/（r/min）												
		400	700	800	950	1200	1450	1600	2000	2400	2800	3200	3600	4000
Z	1.02~1.04				0.00	0.00	0.00		0.01		0.01		0.02	0.02
	1.05~1.08			0.00				0.01			0.02			0.03
	1.09~1.12		0.00			0.01	0.01	0.01		0.02	0.02		0.03	
	1.13~1.18				0.01	0.01			0.02			0.03		0.04
	1.19~1.24	0.00							0.02		0.03			0.04
	1.25~1.34			0.01				0.02			0.03		0.04	
	1.35~1.50		0.01			0.02	0.02	0.02	0.03					0.05
	1.51~1.99			0.02	0.02				0.03	0.04	0.04	0.04		0.05
	≥2		0.02			0.03		0.03	0.04				0.05	0.06
A	1.02~1.04	0.01	0.01	0.01	0.01	0.02	0.02	0.02	0.03	0.03	0.04	0.04	0.05	0.05
	1.05~1.08	0.01	0.02	0.02	0.03	0.03	0.04	0.04	0.06	0.07	0.08	0.09	0.10	0.11
	1.09~1.12	0.02	0.03	0.03	0.04	0.05	0.06	0.06	0.08	0.10	0.11	0.13	0.15	0.16
	1.13~1.18	0.02	0.04	0.04	0.05	0.07	0.08	0.09	0.11	0.13	0.15	0.17	0.19	0.22
	1.19~1.24	0.03	0.05	0.05	0.06	0.08	0.09	0.11	0.13	0.16	0.19	0.22	0.24	0.27
	1.25~1.34	0.03	0.06	0.06	0.07	0.10	0.11	0.13	0.16	0.19	0.23	0.26	0.29	0.32
	1.35~1.50	0.04	0.07	0.08	0.08	0.11	0.13	0.15	0.19	0.23	0.26	0.30	0.34	0.38
	1.51~1.99	0.04	0.08	0.09	0.10	0.13	0.15	0.17	0.22	0.26	0.30	0.34	0.39	0.43
	≥2	0.05	0.09	0.10	0.11	0.15	0.17	0.19	0.24	0.29	0.34	0.39	0.44	0.48
B	1.02~1.04	0.01	0.02	0.03	0.03	0.04	0.05	0.06	0.07	0.08	0.10	0.11	0.13	0.14
	1.05~1.08	0.03	0.05	0.06	0.07	0.08	0.10	0.11	0.14	0.17	0.20	0.23	0.25	0.28
	1.09~1.12	0.04	0.07	0.08	0.10	0.13	0.15	0.17	0.21	0.25	0.29	0.34	0.38	0.42
	1.13~1.18	0.06	0.10	0.11	0.13	0.17	0.20	0.23	0.28	0.34	0.39	0.45	0.51	0.56
	1.19~1.24	0.07	0.12	0.14	0.17	0.21	0.25	0.28	0.35	0.42	0.49	0.56	0.63	0.70
	1.25~1.34	0.08	0.15	0.17	0.20	0.25	0.31	0.34	0.42	0.51	0.59	0.68	0.76	0.84
	1.35~1.50	0.10	0.17	0.20	0.23	0.30	0.36	0.39	0.49	0.59	0.69	0.79	0.89	0.99
	1.51~1.99	0.11	0.20	0.23	0.26	0.34	0.40	0.45	0.56	0.68	0.79	0.90	1.01	1.13
	≥2	0.13	0.22	0.25	0.30	0.38	0.46	0.51	0.63	0.76	0.89	1.01	1.14	1.27
C	1.02~1.04	0.04	0.07	0.08	0.09	0.12	0.14	0.16	0.20	0.23	—	—	—	—
	1.05~1.08	0.08	0.14	0.16	0.19	0.24	0.28	0.31	0.39	0.47	—	—	—	—
	1.09~1.12	0.12	0.21	0.23	0.27	0.35	0.42	0.47	0.59	0.70	—	—	—	—
	1.13~1.18	0.16	0.27	0.31	0.37	0.47	0.58	0.63	0.78	0.94	—	—	—	—
	1.19~1.24	0.20	0.34	0.39	0.47	0.59	0.71	0.78	0.98	1.18	—	—	—	—
	1.25~1.34	0.23	0.41	0.47	0.56	0.70	0.85	0.94	1.17	1.41	—	—	—	—
	1.35~1.50	0.27	0.48	0.55	0.65	0.82	0.99	1.10	1.37	1.65	—	—	—	—
	1.51~1.99	0.31	0.55	0.63	0.74	0.94	1.14	1.25	1.57	1.88	—	—	—	—
	≥2	0.35	0.62	0.71	0.83	1.06	1.27	1.41	1.76	2.12	—	—	—	—
D	1.02~1.04	0.10	0.24	0.28	0.33	0.42	0.51	0.56	—	—	—	—	—	—
	1.05~1.08	0.21	0.49	0.56	0.66	0.84	1.01	1.11	—	—	—	—	—	—
	1.09~1.12	0.31	0.73	0.83	0.99	1.25	1.51	1.67	—	—	—	—	—	—
	1.13~1.18	0.42	0.97	1.11	1.32	1.67	2.02	2.23	—	—	—	—	—	—
	1.19~1.24	0.52	1.22	1.39	1.60	2.09	2.52	2.78	—	—	—	—	—	—
	1.25~1.34	0.62	1.46	1.67	1.92	2.50	3.02	3.33	—	—	—	—	—	—
	1.35~1.50	0.73	1.70	1.95	2.31	2.92	3.52	3.89	—	—	—	—	—	—
	1.51~1.99	0.83	1.95	2.22	2.64	3.34	4.03	4.45	—	—	—	—	—	—
	≥2	0.94	2.19	2.50	2.97	3.75	4.53	5.00	—	—	—	—	—	—

表 5-5 包角修正系数 K_a

小轮包角 a/ (°)	180	175	170	165	160	155	150	145	140	135	130	125	120	110	100	90
K_a	1.00	0.99	0.98	0.96	0.95	0.93	0.92	0.91	0.89	0.88	0.86	0.84	0.82	0.78	0.74	0.69

二、带传动的设计计算及参数选择

设计 V 带传动的一般已知条件如下：传动用途、工作情况和原动机类型；传递功率 P，主、从动轮的转速 n_1，n_2；对传动尺寸的要求等。需通过设计计算确定：V 带的型号、基准长度和根数，中心距，带轮的直径及结构尺寸，初拉力和作用在轴上的压力等。

（一）选取 V 带型号

根据计算功率 P_{ca} 和小带轮的转速 n_1，通过图 5-14 选取 V 带的型号。计算功率 P_{ca} 由式（5-24）确定

$$P_{ca}=K_A P（kW）\qquad（5-24）$$

式中 P——V 带需要传递的功率（kW）；

K_A——工作情况系数，见表 5-6。

（二）确定带轮的基准直径和验算带速

带轮越小，传动尺寸紧凑，但带的弯曲应力越大，带的疲劳强度越低；通常小带轮的基准直径应选取大于或等于表 5-7 列出的最小基准直径，并取标准值，若 d_{d_1} 过大，传动的外廓尺寸也会增加。

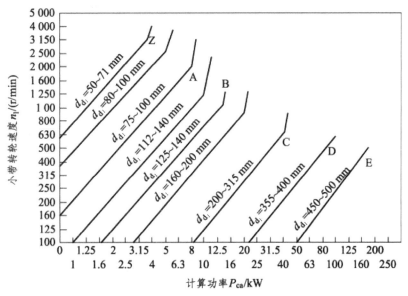

图 5-14 普通 V 带选型

表 5-6 工作情况系数 K$_A$

载荷性质	工作机	原动机					
		空、轻载启动			重载启动		
		每天工作小时数 /h					
		< 10	10~16	> 16	< 10	10~16	> 16
载荷变动微小	液体搅拌机、通风机和旋风机（≤ 7.5kW）、离心式水泵和压缩机、轻负荷输送机	1.0	1.1	1.2	1.1	1.2	1.3
载荷变动小	常式输送机（不均匀负荷）、通风机（> 7.5kW）、旋转式水泵和压缩机（非离心式）、发电机、金属切削机床、印刷机、旋转筛、锯木机和木工机械	1.1	1.2	1.3	1.2	1.3	1.4
载荷变动较大	制砖机、斗式提升机、往复式水泵和压缩机、起重机、磨粉机、冲剪机床、橡胶机械、振动筛、纺织机械、重载输送机	1.2	1.3	1.4	1.4	1.5	1.6
载荷变动很大	破碎机（旋转式、颚式等）、磨碎机（球磨、棒磨、管模）	1.3	1.4	1.5	1.5	1.6	1.8

表 5-7 V 带轮的最小基准直径 d$_{d_{min}}$ 及基准直径系列   单位：mm

V 带轮槽型	Y	Z	A	B	C	D	E
$d_{d_{min}}$	20	50	75	125	200	355	500
基准直径 d_d							
Y	20、22.4、25、28、31.5、35.5、40、45、50、56、63、71、80、90、100、112、125						
Z	50、56、63、71、75、80、90、100、112、125、132、140、150、160、180、200、224、250、280、315、355、400、500、560、630						
A	75、80、85、90、95、100、106、112、118、125、132、140、150、160、180、200、224、250、280、315、355、400、450、500、560、630、710、800						
B	125、132、140、150、160、170、180、200、224、250、280、315、355、400、450、500、560、600、630、710、750、800、900、1000、1120						
C	200、212、224、236、250、265、280、300、315、335、355、400、450、500、560、600、630、710、750、800、900、1000、1120、1250、1400、1600、2000						
D	3545、375、400、425、450、475、500、560、600、630、710、750、800、900、1000、1060、1120、1250、1400、1500、1600、1800、2000						
E	500、530、560、600、630、670、710、800、900、1000、1120、1250、1400、1500、1600、1800、2000、2240、2500						

大带轮的基准直径 $d_{d_2} = \dfrac{n_1}{n_2} d_{d_1}(1-\varepsilon)$。当传动比没有精确要求时，$\varepsilon$ 可略去不计。大、小带轮基准直径应按表 5-7 所列直径系列圆整。

验算带速

$$v = \frac{\pi d_{d_1} n_1}{60 \times 1000}(\text{m/s})$$

一般应使 v=5~25m/s，最高不超过 30m/s。带速过高，带的离心力大，使带的传动能力降低；带速过低，传递相同功率时带所传授的圆周力增大，需要增加带的根数。

（三）确定中心距、带长和校核小带轮的包角

带传动中心距大，可以增加带轮包角，减少单位时间内带的循环次数，有利于带的寿命。但中心距过大，则会加剧带的波动，降低带传动的平衡性，并增大带传动的整体尺寸。一般宜初选带传动的中心距 a_0 为

$$0.7\left(d_{d_1}+d_{d_2}\right) \leq a_0 \leq 2\left(d_{d_1}+d_{d_2}\right) \tag{5-25}$$

初选 a_0 后根据式（5-2）初算 V 带的基准长度 L_{d_0}

$$L_{d_0} \approx 2a_0 + \frac{\pi}{2}\left(d_{d_1}+d_{d_2}\right) + \frac{\left(d_{d_2}-d_{d_1}\right)^2}{4a_0}$$

然后根据表 5-2 选取与 L_{d0} 相近的基准长度 L_d，再按下式近似计算传动中心距。

$$a \approx a_0 + \frac{L_d - L_{d_0}}{2} \tag{5-26}$$

考虑带传动的安装、调整和 V 带张紧的需要，给出中心距变动范围为

$$\left(a-0.15L_d\right) \sim \left(a+0.03L_d\right) \tag{5-27}$$

小带轮的包角由式（5-1）计算

$$a_1 = 180° - \frac{d_{d_1}-d_{d_1}}{a} \times \frac{180°}{\pi}$$

为了提高带传动的工作能力，应使 $a_1 \geq 120°$（至少大于 90°），否则可增大中心距或增设张紧轮。

（四）确定带的根数 z

$$z \geq \frac{P_{ca}}{P_r} = \frac{K_A P}{\left(P_1+\Delta P_1\right)K_a K_L} \tag{5-28}$$

为使每根带受力均匀，根数不宜过多，一般应少于 10 根。否则，应增大带轮直径甚至改选带的型号，重新计算。

（五）确定带的初拉力 F_0

初拉力是保证带传动正常工作的重要条件，初拉力 F_0 小，极限摩擦力减小，传动能力下降。初拉力过大，带的寿命缩短，轴和轴承的压力增大。单根普通 V 带的初拉力可由式（5-29）计算：

$$F_0 = \frac{500P_{ca}}{zv}\left(\frac{2.5}{K_a}-1\right)+qv^2 \text{（N）} \tag{5-29}$$

（六）计算作用在轴上的压力 F_Q

为了设计安装带轮的轴和轴承，需要确定带传动作用在带轮轴上的压轴力 F_Q，F_Q 可近似地按带两边的初拉力 F_0 的合力来计算（图5-15）。

$$F_Q = 2zF_0 \sin \frac{a_1}{2} \tag{5-30}$$

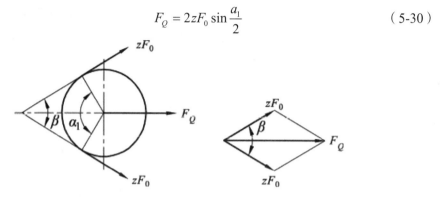

图5-15 带传动作用在轴上的压力

第五节 带传动的张紧

带传动须保持在一定张紧力状态下工作。由于传动带不是完全的弹性体，运转一段时间以后，会因带的塑形变形和磨损而松弛。为了保证带传动的正常工作，应定期检查带的松弛程度并及时重新张紧。

常用的张紧方法是调整中心距。如定期调节螺钉使装有带轮的电动机沿导轨移动，或调整螺母使电动机绕销轴摆动，即可达到张紧的目的。也可以采用自动张紧，如重物通过钢丝绳拖动轴承座和带轮使带张紧[图5-17（a）]，或者主动带轮S（与齿轮 z_2 一体）轴线可自动摆动（绕图中电动机轴线D向左摆动），依靠齿轮啮合（z_1，z_2）产生的圆周力实现自动张紧[图5-17（b）]。

若中心距不能调节时，可采用张紧轮将带张紧（图5-18）。设置张紧轮须注意：一般张紧轮放在松边的内侧，使带只受单向弯曲；张紧轮应尽量靠近大带轮，以免减小带在小带轮上的包角；张紧轮的轮槽尺寸与带轮相同，且直径小于小带轮的直径。

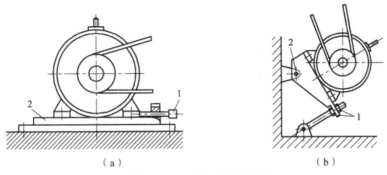

图 5-16　带的定期张紧装置

（a）1-螺钉；2-导轨（b）1-螺母；2-销轴

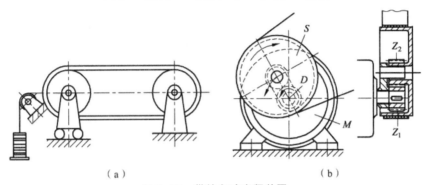

图 5-17　带的自动张紧装置

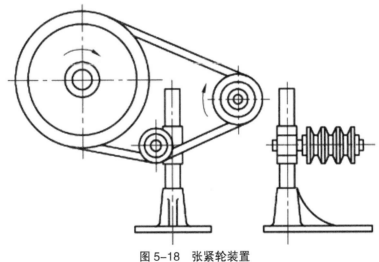

图 5-18　张紧轮装置

例题 5.1 设计某冲剪机床中的 V 带传动装置。已知电动机功率 P=7kW，转速 n_1=1460r/min，传动比 i=3.5，双班制工作，空载启动。

解：1. 选取 V 带型号

确定计算功率 P_{ca}，由表 5-6 查得工作情况系数 K_A=1.3，故

$$P_{ca}=K_AP=1.3 \times 7=9.1（kW）$$

根据 P_{ca}，n_1 由图 5-14 选择 A 型 V 带。

2. 确定带轮的基准直径 d_d 并验算带速 υ

（1）由表 5-7，初选小带轮的基准直径，取小带轮的基准直径 d_{d_1}=125mm。

（2）验算带速 $v = \dfrac{\pi d_{d_1} n_1}{60 \times 1000} = \dfrac{\pi \times 125 \times 1460}{60 \times 1000} = 9.56(m/s)$

因为 5m/s < υ < 30m/s，故带速合适。

（3）计算大带轮的基准直径 $d_{d_2}=id_{d_1}$=3.5×125=437.5mm，根据表 5-7，取大带轮基准直径 d_{d_2}=450mm。

3. 确定中心距 a、带长 L_d 和校核小带轮包角

（1）根据式（5-25），初定中心距 a_0=500mm。

（2）由式（5-2）计算带所需的基准长度 L_{d_0}。

$$L_{d_0} \approx 2a_0 + \frac{\pi}{2}\left(d_{d_1} + d_{d_2}\right) + \frac{\left(d_{d_1} + d_{d_2}\right)^2}{4a_0}$$

$$= \left[2 \times 500 + \frac{\pi}{2}(125 + 450) + \frac{(450-125)^2}{4 \times 500}\right] \approx 1956(mm)$$

根据表 5-2 确定带的基准长度 L_d=1940mm。

（3）按式（5-26）计算实际中心距。

$$a \approx a_0 + \frac{L_d - L_{d_0}}{2} = \left(500 + \frac{1940-1956}{2}\right) \approx 492(mm)$$

按式（5-27）给出中心距的变化范围：463 ~ 550mm。

$$a_1 \approx 180° - \left(d_{d_2} - d_{d_1}\right) \times \frac{57.3°}{a} = 180° - (450-125) \times \frac{57.3°}{492} \approx 142° > 90°$$

（4）验算小带轮上的包角 α_1。

4. 确定带的根数 z

（1）计算单根 V 带的额定功率 P_r。

由 n_1=1460r/min 和 d_{d_1}=125mm，查表 5-3 得 P_1=1.92kW。

根据 n_1=1460r/min，i=3.5 和 A 型带，查表 5-4 得 ΔP_1=0.17kW。

查表 5-5 得 K_a=0.91，查表 5-2 得 K_L=1.02，于是

$$[P_1]=（P_1+\Delta P_1）\times K_a \times K_L=（1.92+0.17）\times 0.91 \times 0.99=1.94（kW）$$

（2）计算 V 带的根数 z。

$$z = \frac{P_{ca}}{P_r} = \frac{9.1}{1.94} = 4.69$$

取 5 根。

5. 确定带的初拉力 F_0

由表 5-1 得 A 型带的单位长度质量 $q=0.105$kg/m，所以

$$F_0 = 500 \times \frac{(2.5-K_a)P_{ca}}{K_a z v} + qv^2 = \left[500 \times \frac{(2.5-0.91)\times 9.1}{0.91\times 5\times 9.56} + 0.105\times 9.56^2 \right] = 176(\text{N})$$

6. 计算压轴力 F_Q

$$F_Q = 2zF_0 \sin\frac{a_1}{2} = 2\times 5\times 176\times \sin\frac{142°}{2} = 1664(\text{N})$$

7. 带轮结构设计（略）

8. 主要设计结论

选用 A 型普通 V 带 5 根，带基准长度 1940mm，带轮基准直径 d_{d_1}=125mm，d_{d_2}=450mm，中心距 a=463 ~ 550mm，单根带初拉力 F_0=176N。

第六章　链传动

本章主要介绍链传动的分类、特点和应用；套筒滚子链的结构和标准；链传动的运动和动力特点；链传动的失效形式；套筒滚子链传动的设计计算及主要参数的选择；链传动的张紧和润滑。

第一节　概述

链传动由装在平行轴上的主、从动链轮和绕在链轮上的环形链条组成（图 6-1），通过链条与链轮轮齿的啮合传递运动和力，是一种具有中间挠性件的啮合传动。

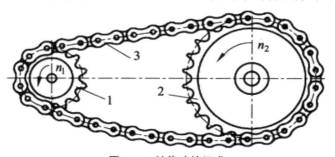

图 6-1　链传动的组成

1—主动链轮；2—从动链轮；3—链条

与摩擦型的带传动相比，链传动没有弹性滑动和打滑，能保持准确的平均传动比，传动效率较高，需要的张紧力小，减小了作用在轴上的压力，传递相同大小的功率时，结构尺寸更为紧凑，能在高温和潮湿的环境中工作。

与齿轮传动相比，链传动的制造与安装精度要求较低，远距离传动时，结构比齿轮传动轻便得多。

链传动的主要缺点是只能用于平行轴间的同向传动，瞬时传动比不恒定，工作时有噪声，不宜用在载荷变化大、高速和急速换向的传动中。

链传动主要用在要求工作可靠，两轴相距较远，中、低速，重载，工作环境恶劣（如高温、潮湿、多尘等），以及不宜采用齿轮传动的场合。

链条按用途不同可以分为传动链、输送链和起重链。

传动链按结构又可分为销轴链（图6-2）、套筒链（图6-3）、滚子链（图6-4）等。销轴链通过链板直接在铆接或开口销固定的销轴上转动。套筒链则是内链板与套筒、外链板与销轴过盈连接，套筒可在销轴上转动。与销轴链相比，套筒链的套筒和销轴接触面的压强显著减小，与滚子链相比少了一个滚子，受滑动摩擦作用，易磨损，常用于 $v \leqslant 2\text{m/s}$ 的低速传动中。滚子链传动因受滚动摩擦作用，磨损小、噪声低、使用寿命长，目前应用最广泛，传递功率一般在100kW以下，链速 $v \leqslant 15\text{m/s}$，传动比 $i \leqslant 7$，中心距 $a \leqslant 8\text{m}$。

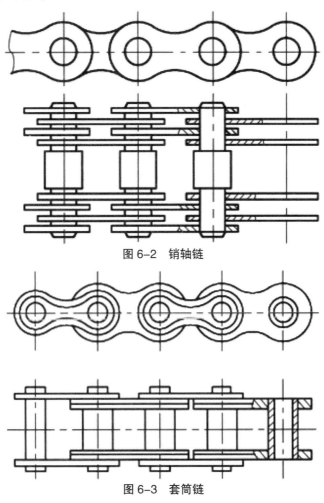

图6-2　销轴链

图6-3　套筒链

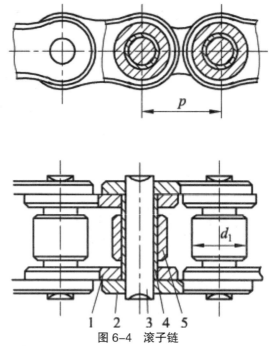

图6-4 滚子链

1—内链板；2—外链板；3—销轴；4—套筒；5—滚子

第二节 滚子链链条和链轮

一、滚子链链条

滚子链由内链板、外链板、销轴、套筒和滚子组成，如图6-4所示。其中，内链板与套筒、外链板与销轴之间为过盈配合，销轴与套筒、套筒与滚子之间均为间隙配合。当链节曲伸时，套筒可绕销轴自由转动。

滚子链上相邻两滚子中心的距离称为链的节距，以 p 来表示（图6-4），它是链条的基本参数。节距越大，链条各零件的尺寸越大，所传递的功率也越大。

滚子链可制成单排链、双排链（图6-5，图中 P_t 为排距）和多排链。当传递大功率时，可采用双排链或多排链。链的排数越多，承载能力越高。但由于精度的影响，各排链承受的载荷不均匀，故排数不宜过多。

链条的长度以链节数 L_p 表示。链节数一般取偶数，接头处可用开口销或弹簧卡夹锁紧。若链节数为奇数，需采用过渡链节，由于过渡链节的链板要受到附加弯矩的作用，强度较一般链节低，通常应避免采用。

滚子链已经标准化，标准号为GB/T1243—2006。表6-1列出了标准规定的几种规格的滚子链的主要参数。标准中有 A、B 两种系列，我国以 A 系列为主体。

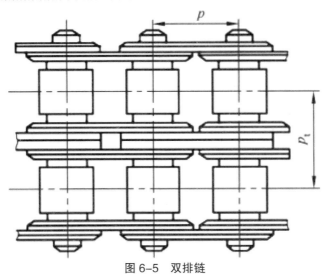

图 6-5　双排链

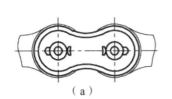

（a）

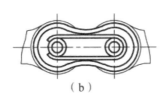

（b）

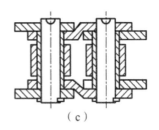

（c）

图 6-6　链条接头形式

表 6-1　A 系列滚子链规格和主要参数

链号	节距 p/ mm	排距 p_t/mm	滚子外径 d_1/mm	内链节内宽 b_1/mm	销轴直径 d_2/mm	内链板高度 h_2/mm	极限拉伸载荷（单排）Q/N	每米链长质量（单排）q/（kg/m）
08A	12.70	14.38	7.92	7.85	3.96	12.07	13800	0.60
10A	15.875	18.11	10.16	9.40	5.08	15.09	21800	1.00
12A	19.05	22.78	11.91	12.57	5.94	18.08	31100	1.50
16A	25.40	29.29	15.88	15.75	7.92	24.13	55600	2.60
20A	31.75	35.76	19.05	18.90	9.53	30.18	86700	3.80
24A	38.10	45.44	22.23	25.22	11.10	36.20	124600	5.60
28A	44.45	48.87	25.40	25.22	12.70	42.24	169000	7.50
32A	50.80	58.55	28.58	31.55	14.27	48.26	222400	10.10
40A	63.50	71.55	39.68	37.85	19.84	60.33	347000	16.10
48A	76.20	87.83	47.63	47.35	23.80	72.39	500400	22.60

　　滚子链标记为，链号—排数—链节数标准编号。例如，12A-2-60GB/T1243—2006 表示：A 系列、链节数为 60 节、节距为 19.05mm 的双排滚子链。

二、滚子链链轮

　　图 6-7 所示为滚子链链轮的端面齿形。滚子链与链轮的啮合属于非共轭啮合，链轮齿形的设计比较灵活。GB/T1243—2006 仅规定了滚子链链轮齿槽的齿侧圆弧半径

r_e、齿沟圆弧半径 r_i 和齿沟角 α 的最大值和最小值。链轮的实际端面齿形取决于加工轮齿的刀具和加工方法，但应在最大和最小齿槽形状之间，保证链节能够平稳自如地进入和退出啮合，并便于加工。

链轮的材料应有足够的强度和耐磨性。由于小链轮的啮合次数比大链轮多，所受的冲击也大，故所选用的材料一般优于大链轮。常用的链轮材料有碳素钢（如 Q235、Q275、45、ZG310-570 等）、灰铸铁（如 HT200）等，重要的链轮可采用合金钢。

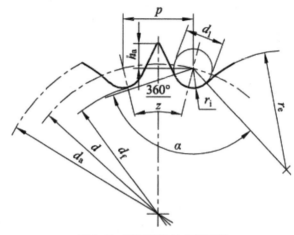

图 6-7　滚子链链轮齿槽形状

第三节　链传动的运动分析和受力分析

一、链传动的运动分析

链条绕上链轮，链节与相应的链轮轮齿啮合后，这一段链条将曲折成正多边形的一部分（图 6-8）。设两链轮的齿数为 z_1，z_2，两链轮的转速为 n_1，n_2。链轮每转过一周，链条移动一正多边形周长的距离 zp，则链的平均速度 v 为

$$v = \frac{z_1 p n_1}{60 \times 1000} = \frac{z_2 p n_2}{60 \times 1000} \, (\text{m/s}) \tag{6-1}$$

链传动的平均传动比为

$$i = \frac{n_1}{n_2} = \frac{z_2}{z_1} \tag{6-2}$$

由以上两式可知，平均链速和平均传动比都是定值，但链传动瞬时链速和瞬时传

动比并非定值。主动链轮的角速度 ω_1 是定值，从动链轮的角速度 ω_2 和链传动的瞬时传动比 i' 却随着相位角 β 和 γ 的变化而变化。

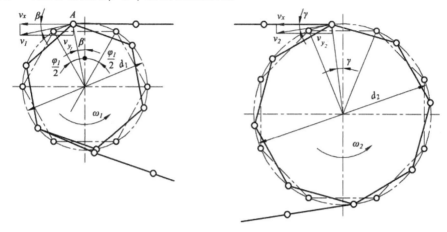

图 6-8　链传动的运动分析

链传动不可避免地要产生振动和动载荷，链轮的转速越高，链的节距越大，小链轮齿数越少，引起的振动和动载荷也就越大。

链传动的瞬时传动比的变化是由围绕在链轮上的链条形成了正多边形这一特点而造成的，因而称为链传动的多边形效应。

二、链传动的受力分析

链传动在安装时应使链条受到一定的张紧力，但链传动的张紧力比带传动要小得多。链传动张紧的目的是使链的松边的垂度不致过大，以免出现链条的不正常的啮合、跳齿或脱链。

若不考虑传动中的动载荷，则链的紧边和松边受到的拉力为紧边拉力

$$F_1 = F_e + F_c + F_f \tag{6-3}$$

松边拉力

$$F_2 = F_e + F_f \tag{6-4}$$

式中 F_e——有效圆周力，与所传递的功率 P（kW）和链速 v（m/s）有关，$F_e = \dfrac{1000P}{v}(N)$；

F_c——离心拉力，设每米链长的质量为 q（kg/m），链速为 v（m/s），$F_c = qv^2$（N）；

F_f——悬垂拉力，可按照求悬索拉力的方法求得 $F_f = K_f qga$（N）；

a——中心距（m）；

g——重力加速度（m/s²）；

K_f——垂度系数，其值与中心线和水平线的夹角 β（图6-9）有关。当下垂度

$y=0.02a$ 垂直布置时，$K_f=1$；水平布置时 $K_f=7$；倾斜布置时，$K_f=6$（$\beta \leqslant 30°$），$K_f=4$（$\beta \leqslant 60°$），$K_f=2.5$（$\beta \leqslant 30°$）。

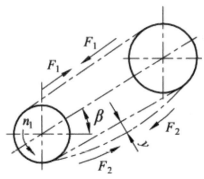

图 6-9　作用在链上的力

链作用在链轮轴上的压轴力 $F_Q=(1.2 \sim 1.3)F_e$，有冲击和振动时取大值。

第四节　滚子链传动的设计计算

滚子链是标准件，设计计算包括合理选择有关参数，确定链的型号、链轮齿数、链节数和排数、设计链轮结构并确定润滑方式等。

一、链传动的失效形式

1.链的疲劳破坏

链条工作时处在交变应力作用下，经过一定应力循环次数后，链板将出现疲劳断裂，套筒、滚子表面将出现疲劳点蚀。正常润滑条件下，疲劳强度是限定链传动承载能力的主要因素。

2.链条的磨损

链条工作中，链节进入或退出啮合时，销轴和套筒间有相对滑动，使接触面发生磨损，链条的节距增长，容易造成跳齿和脱链。

3.销轴与套筒的胶合

润滑不当或链速过高时，销轴和套筒的摩擦表面由于瞬时高温而发生胶合。胶合在一定程度上限制了链传动的极限转速。

4.链条的静强度破坏

在低速传动或过载传动时，或有突然冲击作用时，链的受力超过链的静强度，会发生过载拉断。

二、功率曲线

（一）极限功率曲线

链传动的承载能力受到多种失效形式的限制。在一定的使用寿命和良好润滑的条件下，链条因各种失效形式而限定链传动所传递的极限功率，极限功率曲线如图 6-10 所示。由图 6-10 可知，在润滑良好、中等速度下，链传动的承载能力取决于链条的疲劳强度（曲线 1）；曲线 1、2、3 和横坐标所构成的区域是可选择的功率区域。

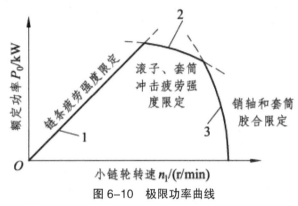

图 6-10　极限功率曲线

（二）额定功率曲线

为保证链传动工作的可靠性，避免出现失效，通常根据额定功率 P_c 来限制链传动的实际工作能力，典型的额定功率曲线如图 6-11 所示。实际功率还要按表 6-2 中的工况系数 K_A 来修正。

表 6-2　工况系数 K_A

从动机械特性		主动机械特性		
		平稳运转	轻微振动	中等振动
		电动机、汽轮机和燃气轮机、带液力变矩器的内燃机	带机械联轴器的六缸或六缸以上内燃机、频繁启动的电动机（每天多于两次）	带机械联轴器的六缸以下内燃机
平稳运转	离心式的泵和压缩机、印刷机、平稳运动的带式输送机、纸张压光机、自动扶梯、液体搅拌机和混料机、旋转干燥机、风机	1.0	1.1	1.3
中等振动	三缸或三缸以上往复式泵和压缩机、混凝土搅拌机、载荷不均匀的输送机、固体搅拌机和混合机	1.4	1.5	1.7
严重振动	电铲、轧机和球磨机、橡胶加工机械、刨床、压床和剪床、单缸或双缸泵和压缩机、石油钻采设备	1.8	1.9	2.1

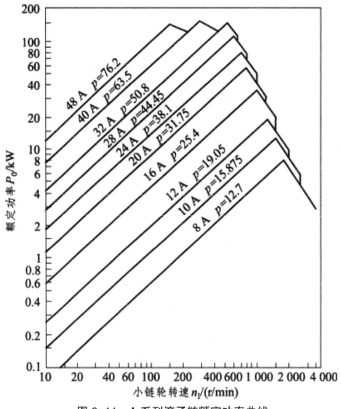

图 6-11　A 系列滚子链额定功率曲线

三、链传动的设计计算和参数选择

设计链传动时的已知条件包括传动的用途、工作情况和原动机类型,传递的功率 P,主、从动链轮的转速 n_1,n_2,以及对传动尺寸的要求等。

设计内容包括确定链条型号、链轮齿数、链节数、排数、中心距、链轮结构尺寸以及链轮作用在轴上的压轴力、润滑方式和张紧装置等。

(一) 传动比

传动比过大将使传动外廓尺寸增大,并减小链条在小链轮上的包角,使同时啮合的齿数减少,每个轮齿承受的载荷增大,加速链条和轮齿的磨损。一般链传动的传动比 $i \leqslant 7$,通常取 $i=2 \sim 3.5$,在低速和外廓尺寸不受限制时 $i_{max}=10$。

(二) 确定链轮的齿数 z_1,z_2

链轮的齿数不宜过多或过少。当小链轮齿数过少,将导致:①传动的不均匀性和动载荷增大;②链节间的相对转角增大,加速磨损;③链轮直径小,链的工作拉力增大,加速链和链轮的损坏。在动力传动中,滚子链的小链轮齿数 z_1 通常按表6-3由链速选取,

此时 $z_{1min}=17$；当链速极低时，为了减小传动尺寸，允许选择较少的小链轮齿数，此时 $z_{1min}=9$。

表 6-3 滚子链小链轮齿数 z_1

链速 v/（m/s）	0.6~3	3~8	> 8
z_1	$\geqslant 17$	$\geqslant 21$	$\geqslant 25$

但当小链轮齿数过多，在传动比一定时大链轮齿数将增多，将导致：①传动的结构尺寸增大；②链的磨损引起的链的节距增长，滚子与链轮齿的接触点向链轮齿顶移动（图 6-12），容易发生跳齿和脱链，缩短链的使用寿命。通常大链轮的最大齿数 $z_{2max} \leqslant 120$。

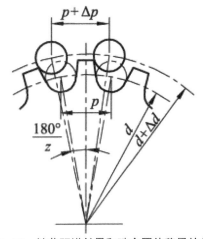

图 6-12 链节距增长量和啮合圆外移量的关系

由于链节数为偶数，为使磨损均匀，两链轮的齿数最好选取与链节数互为质数的奇数齿。链轮优先选用的齿数为 17、19、21、23、25、38、76、95 和 114。

（三）选定链的型号，确定链节距和排数

链节距 p 越大，传动的尺寸增大，承载能力越强，但运动不均匀性、动载荷、噪声也越严重。因此，在满足承载能力的条件下，设计时应尽量选用小节距的单排链；高速重载，可采用小节距的多排链；当速度不太高，中心距大，传动比小时选用大节距的单排链较为经济。

根据已知的 n_1 和 P_0，由图 6-11 选取链的型号，然后查表 6-1 确定链的节距 p。

（四）中心距 a 和链节数 L_p

中心距过小，链在小链轮上的包角减小，小链轮上参与啮合的齿数少，同时单位时间内链条的应力变化次数增多，使链的寿命缩短。中心距过大，结构不紧凑，松边垂度过大，传动时造成松边颤动。因此在设计时若中心距不受其他条件限制，一般可取 $a_0=$（30 ~ 50）p，最大中心距可取 $a_{max}=80p$，当有张紧装置或托板时，a_0 可大于 $80p$。

链的长度常用链节数 L_p 表示，它的计算公式为

$$L_p = \frac{2a_0}{p} + \frac{z_1 + z_2}{2} + \frac{p}{a_0}\left(\frac{z_2 - z_1}{2\pi}\right)^2 \qquad (6\text{-}5)$$

为避免使用过渡链节，应将计算出的链节数 L_p 圆整为偶数。链节数圆整后的理论中心距为

$$a = \frac{p}{4}\left[\left(L_p - \frac{z_1 + z_2}{2}\right) + \sqrt{\left(L_p - \frac{z_1 + z_1}{2\pi}\right)^2 - 8\left(\frac{z_2 - z_1}{2\pi}\right)^2}\right] \qquad (6\text{-}6)$$

为保证链条松边有一个合适的安装垂度 $f = （0.01 \sim 0.02）a$，实际中心距 a' 应较理论中心距 a 小一些，即

$$a' = a - \Delta a \qquad (6\text{-}7)$$

式中 $\Delta a = （0.002 \sim 0.004）a$。对于中心距可调的链传动，$\Delta a$ 可取大值；对于中心距不可调和没有张紧装置的链传动，则 Δa 应取较小值。

第五节　链传动的布置、张紧和润滑

一、链传动的布置

链传动的布置一般应遵守下列原则：两链轮轴线需平行，两链轮应位于同一平面内，尽量采用水平或接近水平的布置，原则上应使紧边在上，具体情况参看表6-4。

表 6-4　链传动的布置

传动参数	正确布置	不正确布置	说明
i=2~3 a=（30~50）		—	传动比和中心距中等大小 两轮轴线在同一水平面,紧边在上或在下,最好在上
i > 2 a < 30p			中心距较小 两轮轴线不在同一水平面,松边应在下面,否则松边下垂量增大,链条易与链轮卡死
i < 1.5 a > 60p			传动比小,中心距大 两轮轴线在同一水平面,松边应在下面,否则经长时间使用,下垂量增大后,松边与紧边相碰,需经常调整中心距

续表

传动参数	正确布置	不正确布置	说明
i, a 为任意值			两轮轴线在同一铅垂面内,下垂量增大,会减少下链轮有效啮合齿数,降低传动能力可为此采用: (1)中心距可调 (2)设张紧装置 (3)上下两轮偏置,使两轮的轴线不在统一铅垂面内

二、链传动的张紧

链传动张紧的目的是避免松边垂度过大时产生啮合不良和链条振动,同时为了增大链条和链轮的啮合包角。

当中心距可调时,可通过调整中心距来控制张紧程度;当中心距不可调时,可采用张紧装置或去掉一两个链节以恢复原来的张紧程度。张紧装置可采用带齿链轮、不带齿的滚轮、压板或托板等,实现自动张紧 [图 6-13(a)] 或定期张紧 [图 6-13(b)]。自动张紧多采用弹簧、重锤等张紧装置,定期张紧多采用螺纹、压板、托板张紧等。在中心距大的地方,用托板控制垂度更合理 [图 6-13(c)]。

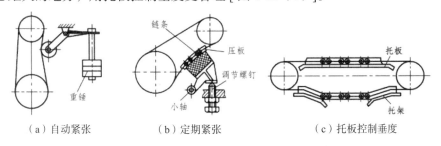

（a）自动紧张　　　　　（b）定期紧张　　　　　（c）托板控制垂度

图 6-13　链传动的张紧装置

三、链传动的润滑

链传动的润滑对链条的寿命和工作性能影响很大。良好的润滑可缓和冲击,减小磨损,又能防止铰链内部工作温度过高。

润滑油推荐采用黏度等级为 32、46、68 的全损耗系统用油。对于开式及重载低速传动,可在润滑油中加入 MoS2、WS2 等添加剂。不便使用润滑油的场合,可使用润滑脂,但应定期清洗和更换润滑脂。

第七章　齿轮传动

本章主要介绍了渐开线齿轮传动的基本知识，对渐开线圆柱齿轮传动的强度计算也从应用的角度作了介绍。对变位直齿圆柱齿轮，主要介绍其概念和几何尺寸计算等。

第一节　齿轮传动的简介

齿轮传动是现代机械中广泛应用的一种机械传动。与其他形式的传动相比，齿轮传动的优点是：传递功率大、速度范围广、效率高、结构紧凑、工作可靠、寿命长，且能实现恒定的传动比。其缺点是：制造和安装精度要求高、成本高，且不宜用于中心距较大的传动。

齿轮传动的主要类型如图 7-1 所示。其中，图 7-1（h）的非圆齿轮传动能实现特定的变传动比传动，用于特定场合。

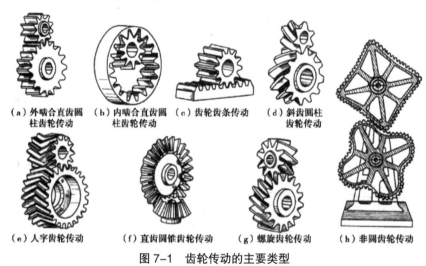

（a）外啮合直齿圆　（b）内啮合直齿圆　（c）齿轮齿条传动　（d）斜齿圆柱
柱齿轮传动　　　　柱齿轮传动　　　　　　　　　　　　　齿轮传动

（e）人字齿轮传动　（f）直齿圆锥齿轮传动　（g）螺旋齿轮传动　（h）非圆齿轮传动

图 7-1　齿轮传动的主要类型

第二节　渐开线及渐开线齿廓

在实际工作中，为使齿轮传动平稳，对齿轮传动的基本要求之一是：保证传动中的瞬时传动比恒定不变。能满足这一要求的齿廓曲线很多，但考虑制造、安装、强度等因素，目前常用的是渐开线齿廓和圆弧齿廓。其中，以渐开线齿廓应用最广。因此，本节只讨论渐开线齿轮传动。

一、渐开线的形成及其特性

当直线 NK 沿半径为 r_b 的圆作纯滚动时，该直线上的任意一点 K 的轨迹曲线 AK，称为该圆的渐开线。该圆称为基圆，直线 NK 称为发生线。

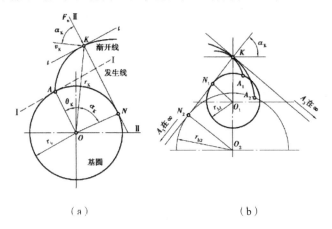

（a）　　　　　　　　（b）

图 7-2　渐开线

由渐开线的形成可知，渐开线具有以下特性：

①发生线在基圆上滚过的长度等于基圆上被滚过的弧长，即直线段 NK 等于弧长 AN。

②发生线 NK 是基圆的切线和渐开线上 K 点的法线。线段 NK 为渐开线在 K 点的曲率半径，N 点为其曲率中心。

③渐开线上某一点的法线（受力时，不计摩擦力时的正压力 F_n 方向线）与该点速度 v_K 方向所夹的锐角 α_K，称为该点的压力角，即

$$\cos a_K = \frac{r_b}{r_K} \tag{7-1}$$

由式（7-1）可知，渐开线上各点的压力角不相等，离基圆越远的点，其压力角越大。

④渐开线的形状决定于基圆的大小。基圆相同的渐开线，其形状相同。基圆越大，

则渐开线越平直；反之，则渐开线越弯曲。

⑤基圆内无渐开线。

二、渐开线齿廓的啮合特性

如图 7-3 所示为一对渐开线齿廓的啮合传动。设渐开线齿廓 E_1 和 E_2 在任意点 K 处接触，过 K 点作两齿廓的公法线 N_1N_2 与两齿轮连心线交于 C 点。可以证明，无论齿廓 E_1 和 E_2 是不是渐开线，相互啮合传动的一对齿廓在任一瞬时的传动比，与两齿轮的连心线被该对啮合齿廓在接触点的公法线所分得的两线段成反比，即

$$i = \frac{\omega_1}{\omega_2} = \frac{O_2C}{O_1C}$$

这一规律称为齿廓啮合基本定律。由这一定律可知，要使一对传动齿轮保持恒定的传动比，则无论齿廓在任何位置接触，过接触点所作的齿廓公法线必须与两齿轮连心线交于一点。显然，由渐开线的特性②可知，N_1N_2 实为两齿轮基圆的一条内公切线，且过两渐开线齿廓任意位置接触点所作的公法线皆为 nn。由于两基圆的大小和位置都已确定，同一方向的内公切线只有一条，它与连心线的交点是一位置确定的点。因此，一对渐开线齿廓啮合传动时，能保证传动比恒定不变，即

$$i = \frac{\omega_1}{\omega_2} = \frac{O_2C}{O_1C} = 常数 \tag{7-2}$$

在图 7-3 中，若分别以 O_1 和 O_2 为圆心、以 O_1C 和 O_2C 为半径作圆，则由式（7-2）可知，两齿轮的传动关系相当于这一对圆作纯滚动。这时，C 点被称为节点，这对圆被称为两齿轮的节圆，其半径用 r'_1 和 r'_2 表示。

此外，渐开线齿廓啮合传动时，还具有以下特性。

（一）中心距可分性

在图 7-3 中，因 $\triangle O_1N_1C \backsim \triangle O_2N_2C$，故

$$i = \frac{\omega_1}{\omega_2} = \frac{O_2C}{O_1C} = \frac{r'_2}{r'_1} = \frac{r_{b_2}}{r_{b_1}} \tag{7-3}$$

式（7-3）表明，两齿轮的传动比不仅与两齿轮节圆半径成反比，同时与两齿轮的基圆半径成反比。在齿轮加工完成后，因其基圆半径已确定，故即使两齿轮的中心距稍有改变（如制造和安装误差以及磨损等原因），也不会影响齿轮的传动比。渐开线齿轮传动的这一特性，称为中心距可分性。这是渐开线齿轮传动的一大优点，是渐开线齿轮传动获得广泛应用的重要原因。

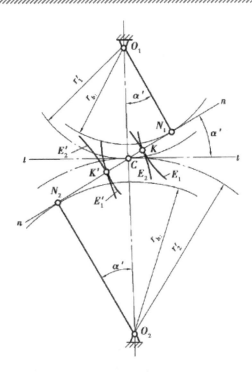

图 7-3　渐开线齿廓的啮合

（二）啮合角为常数

齿轮传动时其齿廓接触点的轨迹曲线，称为啮合线。渐开线齿廓啮合时，由于无论在哪一点接触，接触齿廓的公法线总是两基圆的内公切线 N_1N_2。因此，渐开线齿廓的啮合线就是直线 N_1N_2。

啮合线 N_1N_2 与两齿轮节圆的公切线 tt 间的夹角，α' 称为啮合角。显然，渐开线齿廓啮合传动时 α' 为常数。由图 7-3 的几何关系可知，啮合角在数值上等于渐开线在节圆上的压力角。由于两齿廓啮合时，其间的正压力沿齿廓法线方向作用，也就是沿啮合线方向传递。因此，啮合角不变表示齿廓间压力方向不变。若齿轮传递的力矩恒定，则轮齿之间、轴与轴承之间压力的大小和方向也均不变，从而平稳传动。这也是渐开线齿廓传动的一大优点。

需要注意的是，只有一对齿轮相互啮合时，才有节圆和啮合角，单个齿轮没有节圆和啮合角。

第三节　其他齿轮

一、变位齿轮传动简介

在工程应用中，标准齿轮存在以下主要缺点：

①齿数必须大于或等于 z_{min}，否则会根切。

②不适用于实际中心距 a' 不等于标准中心距 a 的场合，否则无法安装或出现过大的齿侧间隙。

③大小齿轮齿根抗弯能力有差别，无法调整。

采用变位齿轮可克服上述标准齿轮的缺点。

（一）变位齿轮的切制及其齿形特点

变位齿轮是非标准齿轮，其加工原理与标准齿轮相同。当用齿条刀具加工标准齿轮时，刀具的中线与被加工齿轮的分度圆相切作纯滚动。由于刀具上的齿厚和齿槽宽相等。因此，加工出的齿轮分度圆上的齿槽宽与齿厚相等 [见图 7-4（a）]。为了避免根切，可将刀具相对于轮坯中心移动一段距离 xm。此时，齿轮分度圆不再与刀具中线相切，而是与和中线平行的另一直线（称为机床节线或加工节线）相切。由于这条节线上的齿厚和齿槽宽不相等。因此，所切出的齿轮的齿槽宽和齿厚也不相等。这种因改变刀具和轮坯的相对位置而切制出来的齿轮，称为变位齿轮，如图 7-4（b）所示。这里刀具移动的距离 xm 称为变位量，x 称为变位因数。切制变位齿轮时，刀具既可向远离轮坯中心的方向移动，也可向靠近轮坯中心的方向移动 [见图 7-4（c）]。前者称为正变位，规定为 "+"；后者称为负变位，规定为 "−"，负变位会加剧根切，使轮齿变薄，只有齿数大于 17 的齿轮才可采用。

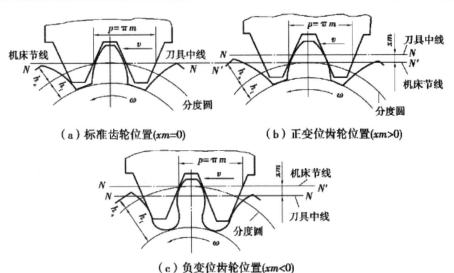

（a）标准齿轮位置(xm=0)　　　（b）正变位齿轮位置(xm>0)

（c）负变位齿轮位置(xm<0)

图7-4　齿制各种齿轮时的刀具位置

与标准齿轮相比，变位齿轮的齿形具有以下特点。

1. 具有与标准齿轮相同的齿数 z、模数 m 和压力角 α

如上所述，切制变位齿轮时，虽然与轮坯分度圆相切的不是刀具上的中线，而是刀具上与之平行的某一条节线，但由于它们相互平行，且齿条刀具的刀刃为直线，都具有相同的模数和压力角。因此，用同一把刀具加工出来的无论是标准齿轮还是变位齿轮，不仅具有相同的齿数，而且具有相同的模数和压力角。

2. 采用与标准齿轮相同的渐开线齿廓曲线

由分度圆直径公式 $d=zm$ 及基圆直径公式 $d_b=d\cos\alpha$ 可知，变位齿轮与标准齿轮不仅分度圆直径相同，而且基圆直径也相同。因此，变位齿轮的齿廓具有与标准齿轮相同的渐开线曲线，不同的只是在相同的渐开线上取用了不同的曲线弧段（见图7-5）。如图 7-5 所示为标准齿轮与变位齿轮的比较。

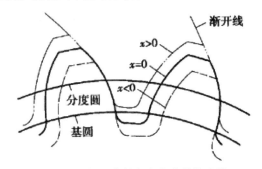

图 7-5　标准齿轮与变位齿轮的比较

3. 某些几何尺寸发生了变化

对正变位齿轮，因刀具位置的变化，齿厚、齿根圆直径增大，齿根高减小。假若全齿高保持不变，则齿顶高增大，齿顶变尖。对负变位齿轮，情况则正好相反。

（二）变位齿轮传动的无侧隙啮合方程及几何尺寸计算

1. 变位齿轮传动的无侧隙啮合方程

一对齿轮传动时，理论上都要求无侧隙啮合。变位齿轮传动时，按无侧隙啮合条件，即要求两齿轮在节圆上满足 $s'_1 = e'_2$，$s'_2 = e'_1$，同时 $p' = s'_1 + e'_1 = s'_2 + e'_2$ 的条件，由此可推出（从略）啮合角 α' 与分度圆压力角、两齿轮的变位因数及齿数之间存在关系

$$\mathrm{inv}\,a' = \frac{2(x_1 + x_2)}{z_1 + z_2}\tan a + \mathrm{inv}\,a \qquad (7\text{-}4)$$

式（7-4）称为变位齿轮传动的无侧隙啮合方程。式中，$\mathrm{inv}\alpha = \tan\alpha - \alpha$，同样 $\mathrm{inv}\alpha' = \tan\alpha' - \alpha'$ 称为 α（或 α'）的渐开线函数，取值可查机械设计手册。该式表明，两轮在无侧隙啮合时，若 $x_\Sigma = x_1 + x_2 = 0$，则 $\alpha' = \alpha = 20°$，两轮节圆与分度圆重合；若 $x_\Sigma \neq 0$，则 $\alpha' \neq \alpha$，两轮节圆与分度圆不重合。

由无侧隙啮合方程求出 α' 后，可计算出齿轮传动的实际中心距 a' 为

$$a'\cos a' = a\cos a \qquad (7\text{-}5)$$

2. 中心距变动因数 y 和齿高变动因数 σ

令 $y_m = a' - a$，则 y 称为变位齿轮传动的中心距变动因数。设两变位齿轮的变位因数分别为 x_1 和 x_2，若让两齿轮有与标准齿轮相同的齿高，则可证明：当 $x \neq 0$ 时，$x_1 + x_2 > y$。这意味着此时变位齿轮传动的顶隙小于标准顶隙 $c*m$。为保证标准顶隙不变，应将齿高削减 $(x_1 + x_2 - y)$m $= \sigma$m，σ 称为齿高变动因数。其值为

$$\sigma = x_1 + x_2 - y \qquad (7\text{-}6)$$

因此，此时的齿高小于标准齿高。变位直齿圆柱齿轮的几何尺寸计算公式见表7-1。

表7-1　变位直齿圆柱齿轮的几何尺寸

名称	符号	计算公式
分度圆直径	d	$d = mz$
基圆直径	d_b	$d_b = d\cos a$
啮合角	α	$\mathrm{inv}\,\alpha' = \dfrac{2(x_1 + x_2)}{z_1 + z_2}\tan\alpha + \mathrm{inv}\,\alpha$
标准中心距	a	$a = \dfrac{m}{2}(z_1 + z_2)$
实际中心距	a'	$a'\cos\alpha' = a\cos\alpha$
中心距变动因素	y	$y = \dfrac{a' - a}{m}$

名称	符号	计算公式
齿高变动因素	σ	$\sigma = x_1 + x_2 - y$
齿顶高	h_a	$h_a = (h_a^* + x - \sigma)m$
齿根高	h_f	$h_f = (h_a^* + c^* - x)m$
齿顶圆直径	d_a	$d_a = d + 2h_a = m(z + 2h_a^* + 2x - 2\sigma)$
齿根圆直径	d_f	$d_f = d - 2h_f = m(z - 2h_a^* + 2c^* + 2x)$
分度圆齿厚	s	$s = m\left(\dfrac{\pi}{2} + 2\tan\alpha\right)$
齿顶圆齿厚	s_a	$s_a = s\dfrac{r_a}{r} - 2r_a(\mathrm{inv}\,\alpha_a - \mathrm{inv}\,\alpha)$

（三）变位齿轮传动的类型及其应用

根据两齿轮变位因数之和的不同，变位齿轮传动有以下 3 种类型。

1. 等变位传动（高度变位传动）

等变位传动，此时，$x_\Sigma = 0$，$x_1 = -x_2 \neq 0$。由前述相关公式可知，这种传动中，$a' = a$，$\alpha' = \alpha$，$y = 0$，$\sigma = 0$，但 $h_a \neq h^* a_m$，故称高度变位。为协调强度及小齿轮不发生根切，一般小齿轮采用正变位而大齿轮采用负变位。为使大齿轮负变位后仍不根切，要求

$$z_1 + z_2 \geqslant 2z_{\min}$$

等变位传动的特点是：

①可采用 $z < z_{\min}$ 的齿轮而不根切。

②可改善小齿轮的磨损情况。

③可使大小齿轮的强度趋于接近，相对提高两轮的承载能力。

④齿轮不具有互换性，需成对设计、制造和使用，且重合度略有降低。

⑤当 x_1 过大时，齿顶可能变尖，要求验算 s_a。

2. 正传动

正传动，此时，$x_\Sigma > 0$，$a' > a$，$\alpha' > \alpha$，$y > 0$，$\sigma > 0$，因 $x_1 + x_2 > 0$，故可使 $z_1 + z_2 < 2z_{\min}$。正传动的特点是：

①可减小齿轮的结构尺寸。

②可减轻轮齿的磨损。

③轮齿的强度获得和提高。

④可配凑中心距。

⑤不具互换性，且重合度降低较多。

3. 负传动

负传动，此时，$x_\Sigma < 0$，$a' < a$，$\alpha' < \alpha$，$y < 0$，$\sigma < 0$，因 $x_1 + x_2 < 0$，为避免根切，须 $z_1 + z_2 > 2z_{\min}$。负传动的特点是：

①可配凑中心距。

②重合度略有增加。

③轮齿的磨损加剧，强度有降低，且不具互换性。

因正传动和负传动的啮合角 α' 都发生了变化，故这两种传动也称为角度变位齿传动。

通过比较可知，等变位传动主要用于避免齿轮根切和提高齿轮传动强度的场合。正传动的优点多于负传动，故一般采用正传动。负传动只用于 $\alpha' < \alpha$，须配凑中心距的特定场合。无论哪种类型的变位齿轮传动，都不具有互换性，都需成对设计、制造和使用。

二、斜齿圆柱齿轮传动

（一）斜齿轮齿廓曲面的形成及其啮合特点

如图 7-6（a）、（b）所示为直齿圆柱齿轮和斜齿圆柱齿轮齿廓曲面的形成过程。

直齿圆柱齿轮的齿廓曲面为渐开面，斜齿圆柱齿轮的齿廓曲面为渐开螺旋面。由齿廓曲面的形成过程可知，直齿轮传动时，齿面接触线皆为等宽直线，且与齿轮轴线平行 [见图 7-6（c）]，啮合开始和终止都是沿齿宽突然发生的，易引起冲击、振动和噪声，尤其高速传动。

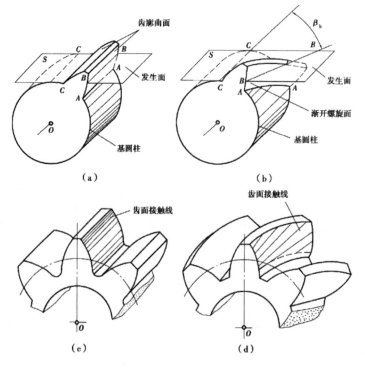

图 7-6　圆柱齿轮齿廓面的形成及齿面接触线

斜齿轮啮合时，齿面接触线与齿轮轴线相倾斜 [见图 7-6（d）]，其长度由点到线逐渐增长，到某一位置后又逐渐缩短，直至退出啮合。因此，啮合是逐渐进入和逐渐退出的，且啮合的时间长于直齿轮。故斜齿轮传动平稳、噪声小、重合度大、承载能力强，适用于高速和大功率场合。

斜齿轮传动的缺点是有轴向力 F_x[见图7-7(a)]，F_x 使轴承支承结构较为复杂。因此，可改用人字齿轮，使轴向力相互平衡。但是，人字齿轮制造困难且精度较低，主要用于低速重型机械。

（二）斜齿轮参数与尺寸计算

1. 螺旋角 β

将斜齿轮的齿廓曲面与分度圆柱面相交得一螺旋线。该螺旋线上的切线与齿轮轴线的夹角 β，称为斜齿轮的螺旋角。一般 $\beta=8° \sim 20°$，人字齿轮 $\beta=25° \sim 40°$。根据螺旋线的方向，斜齿轮可分为左旋和右旋 [见图 7-7（b）]。

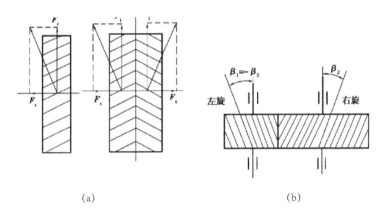

(a)　　　　　　　　　　　　(b)

图 7-7　斜齿轮的轴向力及旋向判断

2. 端面参数和法向参数

垂直于斜齿轮轴线的平面，称为斜齿轮的端面；垂直于分度圆柱上螺旋线切线的平面，称为斜齿轮的法平面。用刀具切削斜齿轮时，由于刀具是沿齿轮分度圆柱上螺旋线的方向进刀。因此，斜齿轮的法向参数（m_n、α_n、h_{an}^*、c_n^*）与刀具的相同，规定为同于直齿圆柱齿轮的标准值。但斜齿轮的直径和传动中心距等几何尺寸计算是在端面内进行的。因此，要清楚法向模数 m_n 和法向压力角 α_n 与端面模数 m_t 和端面压力角 α_t 之间的换算关系。

图 7-8 为斜齿轮分度圆柱面的展开图。其中，阴影线部分为被剖切轮齿，空白部分为齿槽，p_n 和 p_t 分别为法向齿距和端面齿距。由图中的几何关系，可得

$$P_n=P_t\cos\beta \tag{7-7}$$

因 $p=\pi m$，故法向模数 m_n 和端面模数 m_t 之间的关系为

$$m_n = m_t \cos\beta \qquad (7-8)$$

图 7-8 为斜齿条的一个齿。由几何关系，可得 aa 和 α_n 的关系为

$$\tan\alpha_n = \tan m_t \cos\beta \qquad (7-9)$$

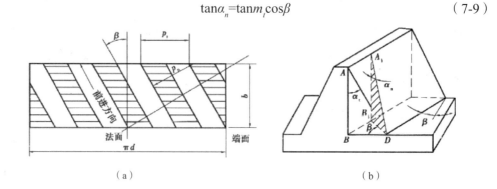

图 7-8　法向参数和端面参数间的关系

3. 几何尺寸计算

标准斜齿圆柱齿轮外啮合传的几何尺寸计算公式见表7-2。

表 7-2　标准斜齿圆柱齿轮外啮合传动的几何尺寸

名称	代号	公式
分度圆直径	d	$d = m_t z = \dfrac{m_n z}{\cos\beta}$
齿顶高	h_a	$h_{at}=h_{an}=h_{an}^* m_n = m_n$
齿根高	h_f	$h_{ft}=h_{fn}=(h_{fn}^*+c_n^*)\,m_n=1.25m_n$
顶隙	c	$c_t=c_n=c_n^* m_n=0.25m_n$
齿高	h	$h_t=h_n=h_{an}+h_{fn}=2.25m_n$
齿顶圆直径	d_f	$d_a=d+2h_a=d+2m_n$
齿根圆直径	d_a	$d_t=d-2h_f=d-2.5m_n$
中心距	a	$a = \dfrac{d_1+d_2}{2} = \dfrac{m_n(z_1+z_1)}{2\cos\beta}$

（三）斜齿圆柱齿轮的正确啮合条件

在端面内，直齿圆柱齿轮和斜齿圆柱齿轮一样，同是渐开线齿廓。因此，一对斜齿圆柱齿轮传动时，必须满足条件

$$\left.\begin{array}{c} m_{t_1}=m_{t_2},\ a_{t_1}=a_{t_2} \\ m_{n1}=m_{n2}=m_n \\ a_{n1}=a_{n2}=a_n \\ \beta_1=-\beta_1 \end{array}\right\} \qquad (7-10)$$

式（7-10）即一对外啮合斜齿圆柱齿轮的正确啮合条件。式中"－"表示两齿轮的轮齿旋向相反。若为内啮合斜齿轮，则两齿轮的轮齿旋向相同，式中"－"改为"+"。

（四）斜齿圆柱齿轮的当量齿数

用仿形法加工斜齿轮及进行强度计算时，必须知道斜齿轮法面上的齿形。如图 7-9 所示，过斜齿轮分度圆柱上的 C 点作轮齿的法平面，则分度圆柱上截出一个椭圆，椭圆上 C 点处的曲率半径为 ρ。若作一以 ρ 为分度圆半径，以 m_n 为模数的直齿圆柱齿轮，则该齿轮的齿廓形状与斜齿轮的法面齿廓形状非常近似。称该假想的直齿圆柱齿轮为斜齿轮的当量齿轮，即

$$\rho = \frac{a^2}{b} = \frac{\left(\dfrac{r}{\cos\beta}\right)^2}{r} = \frac{m_n z}{2\cos\beta^3} \tag{7-11}$$

故当量齿轮的齿数 z_v 与斜齿轮的齿数 z 的关系为

$$z_v = \frac{2\rho}{m_n} = \frac{z}{\cos\beta^3} \tag{7-12}$$

当 z_v=17 时，由式（7-12）可得

$$z=17\cos\beta^3<17$$

可知，斜齿轮比直齿轮不易根切。

用仿形法加工斜齿轮时，刀具就是根据 z 进行选择的。

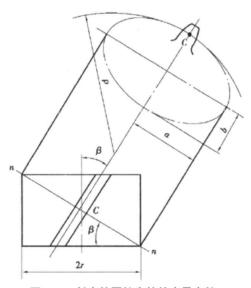

图 7-9　斜齿轮圆柱齿轮的当量齿数

三、标准直齿圆锥齿轮传动简介

（一）直齿圆锥齿轮传动概述

直齿圆锥齿轮用于两相交轴间的传动（见图 7-10），轴交角 Σ 可以是任意的，但常用 Σ=90°的传动。圆锥齿轮的轮齿分布在一个截锥体上，轮齿从大端到小端逐渐

收缩。与圆柱齿轮各"圆柱"相应，圆锥齿轮有分度圆锥、齿顶圆锥、齿根圆锥及基圆锥。它们在大端的锥底圆分别称为锥齿轮的分度圆、齿顶圆、齿根圆及基圆。与圆柱齿轮一样，一对圆锥齿轮的啮合传动相当于一对节圆作纯滚动。

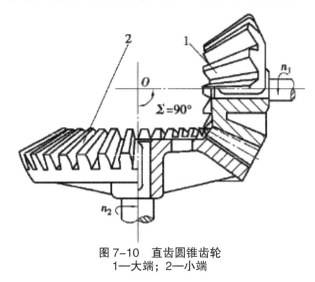

图 7-10　直齿圆锥齿轮
1—大端；2—小端

设一对锥齿轮的分度圆锥角分别为 δ_1 和 δ_2，当 $\Sigma = 90°$ 时，由图 7-10 可得传动比为

$$i = \frac{n_1}{n_2} = \frac{z_1}{z_2} = \frac{d_2}{d_1} = \tan \delta_2 = \cot \delta_1 \qquad (7\text{-}13)$$

圆锥齿轮有直齿、曲齿等形式，直齿圆锥齿轮的设计、制造和安装均较简便，故应用广泛。曲齿圆锥齿轮传动平稳、承载能力强，但设计和制造方法复杂。这里只介绍轴交角 $\Sigma = 90°$ 的标准直齿圆锥齿轮传动。

（二）标准直齿圆锥齿轮传动的主要参数和几何尺寸计算

为了反映锥齿轮的结构尺寸，便于测量和计算，圆锥齿轮的参数和尺寸均以大端为标准，即规定锥齿轮的大端模数 m 为标准值，压力角 $\alpha = 20°$，齿顶高系数 $h_a^* = 1$，顶隙系数 $c^* = 0.1$。锥齿轮的标准模数系列常用值见表 7-3。

表 7-3　锥齿轮的标准模数系列常用值（摘自 GB12368—1990 锥齿轮模数）

1：1.125, 1.25, 1.375, 1.75, 2, 2.25, 2.5, 2.75, 3, 3.25, 3.5, 3.75, 4, 4.5, 5, 4.5, 4, 6, 6.5, 7, 8, 9, 10, 11, 12, 14, 16, 18, 20, 22, 25, 28, 30, 32, 36, 40, 45, 50

标准直齿锥齿轮传动的顶隙有两种，分别称为不等顶隙收缩齿和等顶隙收缩齿，如图 7-11（a）、（b）所示。前者两齿轮啮合时，齿顶间隙由大端到小端逐渐减小；后者两齿轮啮合时，齿顶间隙由大端到小端保持不变，都等于大端顶隙 0.2m。显然，等顶隙收缩齿与分度圆锥的锥顶不再重合。这样，可避免小端齿顶过尖，从而提高小端轮齿的强度，同时小端齿顶隙增大可改善润滑条件。因此，现在推荐应用等顶隙收缩齿。标准直内锥齿轮传动的各部分名称及几何尺寸计算见图 7-11 及表 7-4。

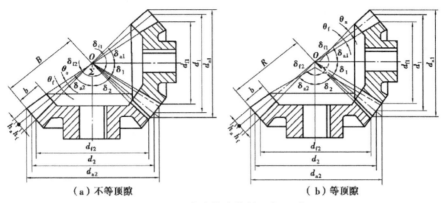

（a）不等顶隙　　　　　　　　　　（b）等顶隙

图 7-11　直齿锥齿轮的几何尺寸

为了便于锥齿轮的加工及保证小端轮齿有足够的刚度，锥齿轮的齿宽 b 一般不大于 $0.35R$。取齿宽因数 $R=b/R$，常取 $\psi_R=0.25\sim0.3$。

表 7-4　$\Sigma=90°$ 的标准直齿锥齿轮传动的几何尺寸

名称	代号	公式
分度圆锥角	δ	$\delta_1=\arctan\dfrac{z_1}{z_2}$ $\delta_2=90°$
齿顶高	h_a	$h_a=h_a^* m$
顶隙	c	$c=c^* m$
齿根高	h_t	$h_f=(h_a^*+c^*)m$
分度圆直径	d	$d=zm$
分度圆齿厚	s	$s=\dfrac{\pi m}{2}$
顶圆直径	d_a	$d_a=d+2h_a\cos\delta$
根圆直径	d_f	$d_f=d-2h_f\cos\delta$
齿顶角	θ_a	$\theta_a=\arctan\dfrac{h_a}{R}$
齿根角	θ_f	$\theta_f=\arctan\dfrac{h_f}{R}$
顶锥角	δ_a	不等间隙收缩齿　$\delta_a=\delta+\theta_a$ 等间隙收缩齿　$\delta_a=\delta+\theta_f$
根锥角	δ_f	$\delta_f=\delta-\theta_f$
锥距	R	$R=\dfrac{1}{2}\sqrt{d_1^2+d_2^2}=\dfrac{m}{2}\sqrt{z_1^2+z_2^2}$
齿宽	b	$b=\psi_R R$ $\psi\approx0.25\sim0.3$

一对直齿锥齿轮的正确啮合条件是：两锥齿轮的大端模数和压力角分别相等，锥距相等。

（三）直齿锥齿轮的当量齿轮

当用仿形法加工锥齿轮和对锥齿轮进行强度计算时,必须知道锥齿轮的大端齿形。锥齿轮大端齿廓所在的圆锥,称为背锥,背锥母线与锥齿轮的分度圆锥母线相垂直,如图 7-12 所示。将锥齿轮大端齿廓随背锥展开得一扇形齿轮,将上述扇形齿轮补充完整,则得一模数和压力角均与锥齿轮大端模数和压力角相同的直齿圆柱齿轮。显然,这一直齿圆柱齿轮的齿廓形状与锥齿轮的大端齿廓形状相同,称该直齿圆柱齿轮为原锥齿轮的当量齿轮。由图 7-12 可知,当量齿轮的分度圆半径 $r_v = O_1 C = r/\cos\delta = m z_v / 2$,故

$$z_v = \frac{z}{\cos\delta} \qquad\qquad (7\text{-}14)$$

z_v 称为锥齿轮的当量齿数。若 $z_v = 17$,则 $z = 17\cos\delta$,可知锥齿轮不根切的最少齿数少于直齿圆柱齿轮。

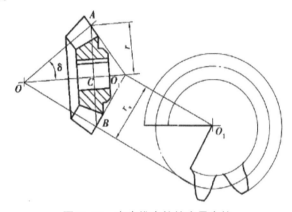

图 7-12　直齿锥齿轮的当量齿轮

第四节　齿轮的设计

齿轮的结构设计通常是首先按齿轮的直径大小选定合适的结构形式,然后根据推荐的经验公式和数据进行结构设计。齿轮常用的结构形式有以下 3 种。

一、齿轮轴

对直径较小的钢制齿轮,当齿轮的顶圆直径 d_a 小于轴孔直径的 2 倍,或圆柱齿轮齿根圆至键槽底部的距离 $\delta \leqslant 2.5m$（斜齿轮为 m_n）、圆锥齿轮的小端齿根圆至键槽底部的距离 $\delta \leqslant 1.6m$（m 为大端模数）时,将齿轮与轴做成一整体,称为齿轮轴,如图 7-13 所示。

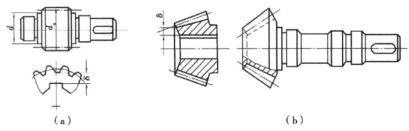

图7-13　齿轮轴

二、锻造齿轮

齿轮与轴分开制造时，齿轮采用锻造结构，如图7-14所示。当$d_a \leqslant 200$mm 时，圆柱齿轮采用如图7-14（a）所示的形式；当$d_a \leqslant 500$mm 时，圆柱齿轮采用如图7-14（b）所示的形式。锥齿轮结构形式如图7-14（c）所示。

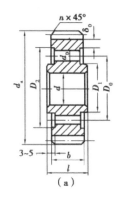
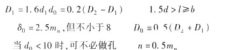
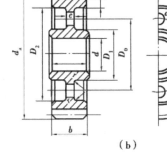
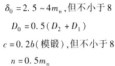

（a）

（b）

$D_1 = 1.6d_1$ $d_0 = 0.2(D_2 - D_1)$　　1.5$d > l \geqslant b$　　1.5$d > l \geqslant b$　　$\delta_0 = 2.5 \sim 4m_n$，但不小于 8

$\delta_0 = 2.5m_n$，但不小于 8　　$D_0 = 0.5(D_2 + D_1)$　　$d_0 = 0.25(D_2 - D_1)$　　$D_0 = 0.5(D_2 + D_1)$

当$d_0 < 10$时，可不必做孔　　$n = 0.5m_n$　　$c = 0.3b$（自由锻）　　$c = 0.2b$（模锻），但不小于 8

$r = 0.5c$　　$n = 0.5m_n$

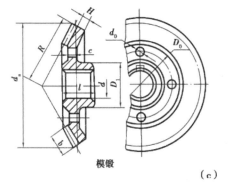
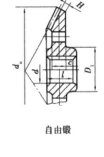

模锻

自由锻

（c）

$D_1 = 1.6d$　　$l = (1 - 1.2)d$　　$H = (3 \sim 4)m$，但不小于 10 mm

$c = (0.1 - 0.17)(R$——大端锥距）　　d_0 和D_0按结构而定

图7-14　锻造齿轮

三、铸造齿轮

当齿轮的项圆直径 d_a 为 400 ～ 500mm 时，因齿轮尺寸大且重，不便锻造，故齿轮采用铸造结构，如图 7-15 所示。当 400mm < d_a < 500mm 时，用图 7-15（a）、图 7-15（b）的形式均可；当 d_a 为 500 ～ 1000mm 时，用图 7-15（b）形式的结构。锥齿轮的顶圆直径 d_a > 300mm 时，也用铸造结构，锥齿轮可铸成带加强肋的腹板式结构，如图 7-15（c）所示。

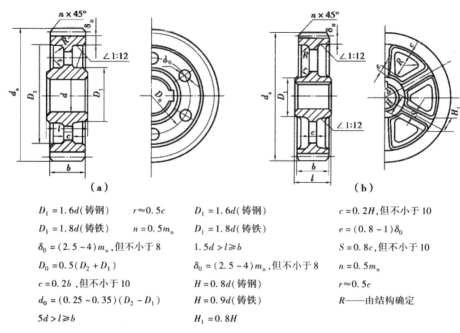

（a）   （b）

$D_1 = 1.6d$（铸钢） $r \approx 0.5c$ $D_1 = 1.6d$（铸钢） $c = 0.2H$，但不小于 10

$D_1 = 1.8d$（铸铁） $n = 0.5m_n$ $D_1 = 1.8d$（铸铁） $e = (0.8 \sim 1)\delta_0$

$\delta_0 = (2.5 \sim 4)m_n$，但不小于 8 $1.5d > l \geqslant b$ $S = 0.8c$，但不小于 10

$D_0 = 0.5(D_2 + D_1)$ $\delta_0 = (2.5 \sim 4)m_n$，但不小于 8 $n = 0.5m_n$

$c = 0.2b$，但不小于 10 $H = 0.8d$（铸钢） $r \approx 0.5c$

$d_0 = (0.25 \sim 0.35)(D_2 - D_1)$ $H = 0.9d$（铸铁） R——由结构确定

$5d > l \geqslant b$ $H_1 = 0.8H$

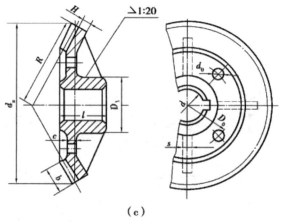

（c）

$D_1 = 1.6d$（铸钢） $D_1 = 1.8d$（铸铁） $l = (1 \sim 1.2)d$

$H = (3 \sim 4)m$，但不小于 10 mm $c = (0.1 \sim 0.17)R$，但不小于 10 mm $s = 0.8c$，但不小于 10 mm

D_0 和 d_0 按结构而定

图 7-15 铸造齿轮

第五节　蜗杆传动与螺旋传动

本节主要研究蜗杆传动的类型、特点、功用、主要参数及失效形式等。同时，还讨论螺旋传动的类型及功用。

一、蜗杆传动的组成与特点

蜗杆传动由蜗杆、蜗轮和机架组成，用于传递空间两交错轴间的运动和动力（见图 7-16）。通常两轴线的交错角为 90°。蜗杆传动一般以蜗杆为主动件，作减速传动。

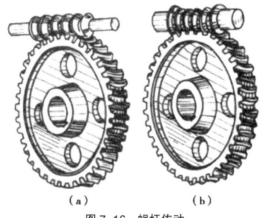

（a）　　　　　　　　（b）

图 7-16　蜗杆传动

（一）蜗杆传动的类型及应用

根据蜗杆形状的不同，蜗杆传动可分为圆柱蜗杆传动 [见图 7-17（a）]、环面蜗杆传动 [见图 7-17（b）] 和锥蜗杆传动 [见图 7-17（c）] 三大类。圆柱蜗杆传动又分为普通圆柱蜗杆传动和圆弧圆柱蜗杆传动。

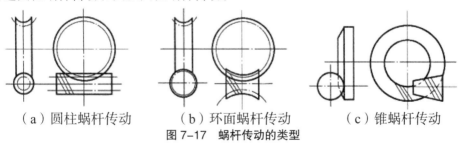

（a）圆柱蜗杆传动　　　（b）环面蜗杆传动　　　（c）锥蜗杆传动

图 7-17　蜗杆传动的类型

1.普通圆柱蜗杆传动

按照蜗杆齿廓曲线的形状，普通圆柱蜗杆传动有以下 4 种。

①阿基米德圆柱蜗杆（ZA 蜗杆）传动

如图 7-18（a）所示，在垂直于蜗杆轴线的截面内齿廓为阿基米德螺旋线。这种蜗杆的加工与用梯形车刀在车床上加工普通梯形螺纹的螺旋类似，加工方便。但导程角 γ 较大（$\gamma > 15°$）时，加工困难，且难以磨齿，不便采用硬齿面，精度较低。阿基米德蜗杆一般用于头数较少、载荷较小、不太重要的传动场合。

②法向直廓圆柱蜗杆（ZN 蜗杆）传动

如图 7-18（b）所示，蜗杆的法向齿廓为直廓，端面齿廓为延伸渐开线。车削时，刀具法向放置，有利于切削出导程角 $\gamma > 15°$ 的多头蜗杆。蜗杆也可铣削和磨削。这种蜗杆常用于机床多头精密蜗杆传动的场合。

③渐开线圆柱蜗杆（ZI 蜗杆）传动

蜗杆齿面为渐开螺旋面，端面齿廓为渐开线，如图 7-18（c）所示。通常蜗杆车制。加工时，车刀刃顶面应与基圆柱相切。可以磨削，易保证精度。渐开线蜗杆传动适用于功率较大、转速较高和较精密的传动场合。

④锥面包络圆柱蜗杆（ZK 蜗杆）传动

如图 7-18（d）所示，蜗杆齿面是由锥面盘形铣刀或砂轮包络而成的螺旋面，端面齿廓近似为阿基米德螺旋线。这种蜗杆不能在车床上加工，只能在铣床上铣制并在磨床上磨削，易获得高精度，应用日益广泛。

2. 圆弧圆柱蜗杆（ZC 蜗杆）传动

圆弧圆柱蜗杆在中间平面内的齿廓为内凹弧形，与之相配的蜗轮齿廓为凸弧形（见图 7-19）。传动时，凹凸弧齿廓相啮合，综合曲率半径大，承载能力强，较普通圆柱蜗杆传动高出 50% ~ 150%；效率高，一般可达 90% 以上；质量小，结构紧凑。这种蜗杆传动已广泛应用于冶金、矿山、建筑、起重运输等机械中。

根据蜗杆螺纹的旋向，可分为右旋蜗杆和左旋蜗杆两种。将蜗杆竖直面对观察者，若所见螺纹自左向右升高，则为右旋；反之，则为左旋，如图 7-20 所示。除特殊要求外，均应采用右旋蜗杆。

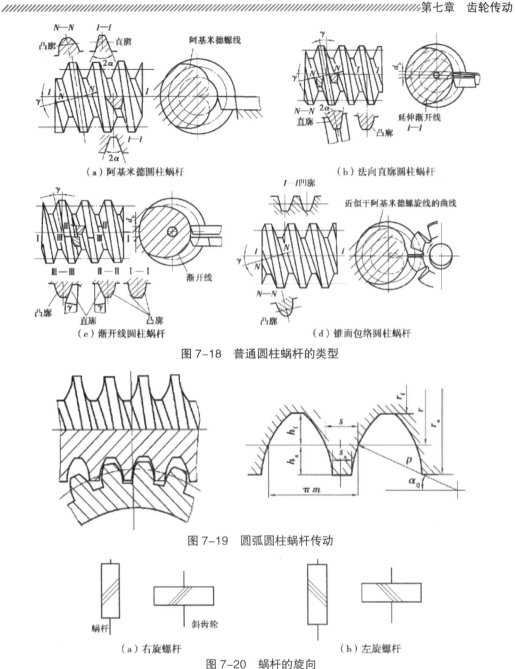

图 7-18　普通圆柱蜗杆的类型

（a）阿基米德圆柱蜗杆　　　　　（b）法向直廓圆柱蜗杆

（c）渐开线圆柱蜗杆　　　　　（d）锥面包络圆柱蜗杆

图 7-19　圆弧圆柱蜗杆传动

（a）右旋螺杆　　　　　　　（b）左旋螺杆

图 7-20　蜗杆的旋向

（二）蜗杆传动的特点

蜗杆传动具有传动比大（在一般动力传动中，$i=5 \sim 80$；在分度机构中，i 可达 1000 以上）、传动平稳、噪声小，以及可实现自锁等优点。但其传动中的摩擦损失大，发热重入传动效率较低（一般为 $0.7 \sim 0.9$，反行程自锁时，效率 < 0.5）；蜗轮齿圈常用青铜制造，价格高；制造和安装精度要求较高。因此，蜗杆传动适用于传动比大、中小功率（50kW 以下）的传动场合，且不宜作长时间的连续运转。

二、蜗杆传动的主要参数及几何尺寸

对轴交角 $\Sigma=90°$ 的圆柱蜗杆传动，通过蜗杆轴线并垂直于蜗轮轴线的平面，称为中间平面。在中间平面内，蜗杆与蜗轮的啮合相当于齿条与齿轮的啮合。因此，蜗杆传动的标准参数和基本尺寸在中间平面内确定。

（一）圆柱蜗杆传动的主要参数

1.模数 m 和压力角 α

如图 7-21 所示，为了保证蜗杆与蜗轮正确啮合，蜗杆的轴向模数 m_x 和轴向压力角 α_x 应分别等于蜗轮的端面模数 m_t 和端面压力角 α_t 且均等于标准值，即

$$m_x=m_t=m \tag{7-15}$$

$$\alpha_x=\alpha_t=\alpha \tag{7-16}$$

模数的标准值见表 7-5。ZA 蜗杆的轴向压力角为标准值，$\alpha_x=20°$；ZN，ZI，ZK 蜗杆的法向压力角为标准值，$\alpha_n=20°$；ZC 蜗杆 $\alpha_n=23°$。

表 7-5　普通圆柱蜗杆传动的主要参数常用值及其匹配（摘自 GB/T10085—2018 圆柱蜗杆传动基本参数）

模数 m/mm	分度圆直径 d_1/mm	蜗杆头数 z_1	直径系数 q	m^2d_1/mm³
1	18	1	18.000	18
1.25	20	1	16.000	31.25
	22.4	1	17.920	3
1.6	20	1，2，4	12.500	51.2
	28	1	17.500	71.68
2	22.4	1，2，4，6	11.200	89.6
	35.5	1	17.750	142
2.5	28	1，2，4，6	11.200	175
	45	1	18.000	281
3.15	35.5	1，2，4，6	11.270	352
	56	1	17.778	556
4	40	1，2，4，6	10.000	640
	71	1	17.750	1136
5	50	1，2，4，6	10.000	1250
	90	1	18.000	2250
3.6	63	1，2，4，6	10.000	2500
	112	1·	17.778	4445
8	80	1，2，4，6	10.000	5120
	140	1	17.500	8960
10	90	1，2，4，6	9.000	9000
	160	1	16.000	16000
12.5	112	1，2，4	8.960	17500
	200	1	16.000	31250
16	140	1，2，4	8.750	35840
	250	1	15.625	64000
20	160	1，2，4	8.000	64000
	315	1	15.750	126000

模数 m/mm	分度圆直径 d_1/mm	蜗杆头数 z_1	直径系数 q	$m^2 d_1$/mm³
25	200	1，2，4	8.000	125000
	400	1	16.00	250000

注：1.本表所列 d_1 数值为国家标准规定的优先使用值。

2.表中同模数有两个 d_1 值，当选取其中较大的 d_1 值时，蜗杆导程角 γ 小于330°有较好的自锁性。

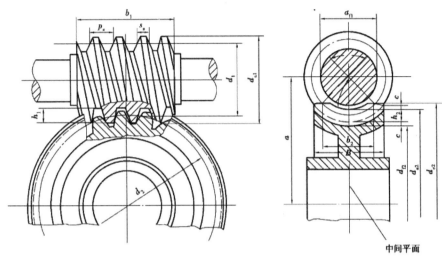

图 7-21　圆柱蜗杆传动的几何尺寸

2.蜗杆分度圆直径 d_1 和导程角 γ

蜗杆类似一螺杆。如图 7-22（a）所示，蜗杆有 3 条螺旋线，即 z_1=3，螺旋线的导程角为 γ，蜗杆的轴向齿距为 px_1，导程 $P_h=z_1 P_{x_1}$；如图 7-22（b）所示为蜗杆分度圆螺旋线展开图。由图 7-22 可得蜗杆的导程角为

$$\tan\gamma = \frac{z_1 P_{x_1}}{\pi d_1} = \frac{z_1 m}{d_1} \qquad (7\text{-}17)$$

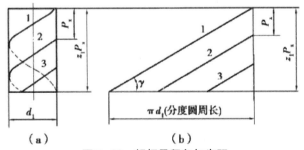

（a） **（b）**

图 7-22　蜗杆导程角与齿距

导程角 γ 的范围为 3°～33.35°。不同 z_1 时，所用的 γ 值见表 7-6。

表 7-6　z_1，γ，i 的荐用范围

蜗杆头数 z_1	1	2	3	4
导程角 γ	3°～8°	8°～16°	16°～30°	28°～33.5°
传动比 i	29~83	14.5~31.5	7.25~15.75	4.83，5.17
蜗轮齿数 z_2	29~83	29~63	29~63	29，31

当传递动力时，应取较大的 γ 值，即应选用多头数的蜗杆。若要求蜗杆传动具有自锁性，则应采用 γ 小于 3.5° 的蜗杆传动。

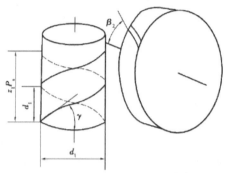

图 7-23　蜗杆导程角与蜗轮齿的螺旋角

对轴交角为 90° 的蜗杆传动，除模数和压力角应分别相等外，蜗杆分度圆柱面上的导程角 γ 应等于蜗轮分度圆柱面上的螺旋角 β，且旋向相同（见图 7-23），可得

$$d_1 = \frac{mz_1}{\tan\gamma} \tag{7-18}$$

通常蜗轮的轮齿是用蜗轮滚刀切制，滚刀的尺寸与蜗杆的尺寸基本相同（为保持蜗杆传动的径向间隙，滚刀顶圆直径比蜗杆顶圆直径大 1 个顶隙）。分析式（7-18）可知，蜗杆分度圆直径 d_1 不仅与模数有关，而且还随 $z_1/\tan\gamma$ 的比值而改变。这样，就需要无数刀具，很不经济。为了减少滚刀的型号，便于刀具标准化，国家标准规定了蜗杆直径系数，见表 7-5。

蜗杆分度圆直径 d_1 与模数 m 之比，称为蜗杆直径系数，用 q 表示，即 $q=d_1/m$，由此可得

$$d_1=qm \tag{7-19}$$

因 m，d_1 均为标准值，导出的 q 值不一定为整数。其值见表 7-5。

3. 蜗杆头数 z_1 和蜗轮齿数 z_2

蜗杆头数 z_1 常取为 1，2，4，6。要求传动效率高时，取 $x_1 \geq 2$；当传动比大时，取 $z_1=1$。蜗轮的齿数 $z_2=iz_1$，z_2 过少时会产生切齿干涉，一般取 $z_2=29 \sim 80$。

4. 传动比 i

对减速蜗杆传动，传动比 i 为

$$i = \frac{n_1}{n_2} = \frac{z_2}{z_1} = \frac{d_2}{d_1 \tan\gamma} \tag{7-20}$$

式中 n_1，n_2——蜗杆和蜗轮的转速。

不同 z_1 时，i 的荐用范围见表 7-6。

5. 中心距 a

蜗杆传动的标准中心距为

$$a = \frac{1}{2}(d_1 + d_2) = \frac{m}{2}(q + z_2) \qquad (7\text{-}21)$$

式中　d_2——蜗轮分度圆直径，$d_2 = mz_2$。

国家标准规定了中心距的标准系列值。其值为 40，50，63，80，100，125，160，（180），200，250，（280），315，355，400，450，500，单位 mm。为了配凑成标准规定的中心距值，蜗杆传动通常需变位。其变位方法与齿轮传动相同。但在变位蜗杆传动中，蜗杆尺寸不变，蜗轮的顶圆直径 d_2、齿根圆直径 d_{f_2} 等尺寸改变。

（二）圆柱蜗杆传动的几何尺寸计算

圆柱蜗杆传动（$\Sigma = 90°$）的主要几何尺寸计算见表 7-7、图 7-21。

表 7-7　圆柱蜗杆传动主要几何尺寸的计算公式

名称	符号	计算公式	
		蜗杆	蜗轮
标准中心距	a	$a = \frac{1}{2}(d_1 + d_2) = \frac{m}{2}(q + z_2)$	
变位中心距	a'	$a' = \frac{1}{2}(d_1 + d_2 + 2x_2 m) = \frac{m}{2}(q + z_2 + 2x_2)$	
顶隙	c	$c = c^* m$ 顶隙因数 $c^* = 0.2$（普通圆柱蜗杆），$c^* = 0.16$（圆弧圆柱蜗杆）	
齿顶高	h_a	$h_{a_1} = h_a^* m$，$h_a^* = 1$	$h_{a_2} = (h_a^* + x_2)m$。若 $x_2 = 0$，$h_{a_1} = h_{a_2}$
齿根高	h_f	$h_{f_1} = (h_a^* + c^*)m$	$h_{f_2} = (h_2^* + c^* - x_2)m$
齿高	h	$h = h_a + h_f$	
分度圆直径	d	$d_1 = mq = \frac{mz_1}{\tan\gamma}$	$d_1 = ma_2$
齿顶圆直径	d_a	$d_{a_1} = d_1 + 2h_{a_1}$	$d_{a_2} = d_2 + 2h_{a_2}$
齿根圆直径	d_f	$d_{f_1} = d_1 - 2h_{f_1}$	$d_{f_2} = d_2 - 2h_{f_2}$
蜗杆外圆直径	d_{e_2}		$d_{e_2} \leqslant d_{a_2} + 2m$（$z_1 = 1$） $d_{e_2} \leqslant d_{a_2} + 1.5m$（$z_1 = 2\sim3$） $d_{e_2} \leqslant d_{a_2} + m$（$z_1 = 4\sim6$）
齿宽	b	b_1（$11 + 0.06z_2$）m（$z_1 = 1$，2） b_1（$12.5 + 0.09z_2$）m（$z_1 = 3$，4）	$b_2 \leqslant 0.75d_{a_1}$（$z_1 \leqslant 3$） $b_2 \leqslant 0.67d_{a_1}$（$z_1 \leqslant 4\sim6$） 轮缘宽度 $B = b_2 + (1\sim2)m$
螺杆导程角	γ	$\gamma = \arctan\frac{mz_1}{d_1}$	蜗轮齿宽角 $\theta = 90°\sim130°$

例 7.1　普通圆柱蜗杆传动，已知中心距为 200mm，传动比 $i = 40$。测得右旋单头蜗杆的轴向齿距 $P_x = 5.13$mm，蜗杆齿齿顶圆直径 $d_{a_1} = 96$mm。试计算蜗杆与蜗轮的分度

圆直径、蜗轮螺旋角和蜗轮的齿顶圆直径。

解： （1）计算蜗杆分度圆直径 d_1

据 $P_x = \pi m$，则

$$m = \frac{P_x}{\pi} = \frac{25.13}{\pi} mm = 8mm$$

由 $d_a = d_1 + 2h_{a_1}$，得

$$d_1 = d_{a_1} - 2h_{a_1} = d_{a_1} - 2h_a m$$
$$= （96 - 2 \times 1 \times 8）mm = 80mm$$

（2）计算蜗轮分度圆直径 d_2

蜗轮齿数

$$z_2 = iz_1 = 40 \times 1 = 40$$

则

$$d_2 = mz_2 = 8 \times 40mm = 320mm$$

（3）计算蜗轮螺旋角 β

由 $d_1 = mq$，得

$$q = \frac{d_1}{m} = \frac{80}{8} = 10$$

则

$$\beta = \gamma = \arctan \frac{z_1}{q} = \arctan \frac{1}{10} = 5°42'38''（右旋）$$

（4）计算蜗轮的齿顶圆直径

由 $a' = \frac{m}{2}（q + z_2 + 2x_2）$，得

$$x_2 = \frac{a'}{m} - \frac{q}{2} - \frac{z_2}{2} = \frac{200}{8} - \frac{10}{2} - \frac{40}{2} = 0$$

蜗轮的齿顶圆直径为

$$d_{a_2} = d_2 + 2h_{a_2} = d_2 + 2h_a^* m$$
$$= （320 + 2 \times 1 \times 8）mm = 336mm$$

三、蜗杆传动的失效、材料、散热与润滑

（一）失效形式

闭式蜗杆传动的主要失效形式是轮齿齿面的点蚀、磨损和胶合。开式传动中，主要是轮齿的磨损和弯曲折断。由于蜗杆齿为连续的螺旋齿，且材料强度通常高于蜗轮材料强度，因而失效总是发生在蜗轮轮齿上。因此，只需作蜗轮轮齿的强度计算，详见机械设计手册。

（二）材料的选择

根据蜗杆传动的失效形式，对蜗杆传动副材料组合的要求是：有良好的减摩性、导热性和抗胶合性；有足够的强度。

蜗杆多采用调质钢、渗碳钢和表面淬火钢制造，如 45，20CT，42SiMn，40CNi 等。常经热处理提高齿面硬度，增加耐磨性。

蜗轮常用铸造锡青铜 ZCuSn10P1，ZCuSn6Pb6Zn3，以及铸造铝铁青铜 ZCuAl10Fe3；低速和不重要的传动场合，可采用铸铁材料。

（三）散热与润滑

由于蜗杆传动的滑动速度大，效率较低，在工作时会产生大量的热量，若散热条件差，润滑不良，箱体温度上升，润滑失效，则会导致齿面的胶合。因此，为了延长蜗杆传动的使用寿命和提高其传动效率，应高度重视蜗杆传动的散热和润滑。

1. 散热

当蜗杆传动的工作温度超过 90℃时，通常使用的散热措施为：

①在箱体上设散热片。

②蜗杆轴端加装风扇［见图 7-24（a）］。

③箱内设置冷却水管［见图 7-24（b）］。

④采用压力喷油循环润滑［见图 7-24（c）］。

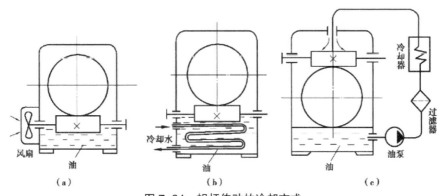

图 7-24　蜗杆传动的冷却方式

普通圆柱蜗杆传动的散热计算，详见机械设计手册。

2. 润滑

蜗杆传动一般用油润滑。润滑方式有油浴润滑和喷油润滑两种。根据齿面滑动速度 v_s 选定，即

$$v_s = \frac{v_1}{\cos \gamma} = \frac{\pi d_1 n_1}{60 \times 1000 \times \cos \gamma} \qquad (7\text{-}22)$$

式中　v_s——齿面滑动速度，m/s；

d_1——蜗杆分度圆直径，mm；

n_1——蜗杆转速，r/min；

γ——蜗杆导程角，（°）。

对 $v_s < 10$m/s 的中低速蜗杆传动，大多采用油浴润滑；$v_s > 10$m/s 的蜗杆传动，采用喷油润滑。对闭式蜗杆传动，常用润滑油黏度牌号及润滑方式见表 7-8。

表 7-8　蜗杆传动润滑油牌号和润滑方式

滑动速度 v_s/（m·s⁻¹）	≤ 2	2~5	5~10	> 10
润滑油牌号	680	460	320	220
润滑方式	油浴润滑		油浴或喷油润滑	喷油润滑

四、蜗杆与蜗轮的结构

（一）蜗杆的结构

蜗杆通常与轴做成一体，如图 7-25 所示。图 7-25（a）为铣制蜗杆，图 7-25（b）为车制蜗杆。

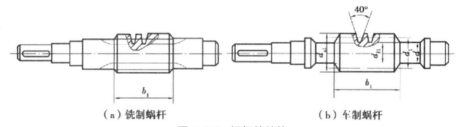

（a）铣制蜗杆　　　（b）车制蜗杆

图 7-25　蜗杆的结构

（二）蜗轮的结构

蜗轮的结构形式可分为整体式和组合式。铸铁蜗轮或直径小于 100mm 的青铜蜗轮做成整体式 [见图 7-26（a）]。

为了节约贵重金属，大多数蜗轮采用组合结构，齿圈用青铜，而轮芯用铸铁或铸钢制造。齿圈与轮芯的连接方式有以下 3 种。

①压配式 [见图 7-26（b）]

齿圈与轮芯采用过盈配合连接。配合面处制有定位凸肩。为使连接更为可靠，加装 4 ~ 6 个螺钉，拧紧后切去螺钉头部。由于青铜较软，为避免将孔钻偏，应将螺孔中心线向较硬的轮芯偏移 2 ~ 3mm。因此，这种结构多用于尺寸不大或工作温度变化较小的场合。

②螺栓连接式 [见图 7-26（c）]

蜗轮齿圈与轮芯之间常用铰制孔用螺栓连接。其装拆方便，用于尺寸较大或磨损后需要更换齿圈的蜗轮。

③组合浇注式 [见图 7-26（d）]

在轮芯上预制出榫槽，浇注上青铜轮缘后切齿。该结构适用于大批生产。

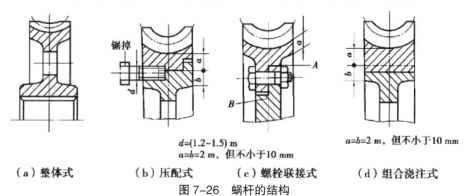

$d=(1.2\sim1.5)\ m$
$a=b=2\ m$，但不小于10 mm

$a=b=2\ m$，但不小于10 mm

（a）整体式　　　（b）压配式　　（c）螺栓联接式　　（d）组合浇注式

图 7-26　蜗杆的结构

第八章 轮系

第一节 轮系的类型

由一对齿轮组成的机构是齿轮传动的最简单形式。但是在机械中,为了获得很大的传动比,或者为了将输入轴的一种转速变换为输出轴的多种转速等原因,常采用一系列互相啮合的齿轮将输入轴和输出轴连接起来。这种由一系列齿轮组成的传动系统称为轮系。

轮系可分为两种类型:定轴轮系和周转轮系。

如图 8-1 所示,传动时每个齿轮的几何轴线都是固定的,这种轮系称为定轴轮系。

如图 8-2 所示,齿轮 2 的几何轴线 O_2 的位置不固定,当 H 杆转动时,O_2 绕齿轮 1 的几何轴线 O_1 转动。这种至少有一个齿轮的几何轴线绕另一个齿轮的几何轴线转动的轮系,称为周转轮系。

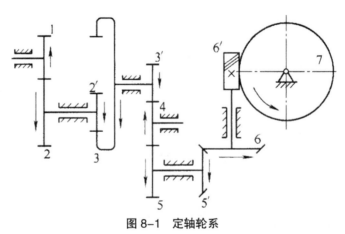

图 8-1 定轴轮系

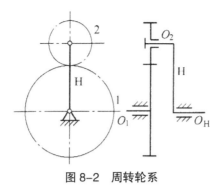

图 8-2　周转轮系

第二节　定轴轮系及其传动比

在轮系中，输入轴与输出轴的角速度（或转速）之比称为轮系的传动比，用 i_{ab} 表示，下标 a、b 为输入轴和输出轴的代号，即 $i_{ab} = \dfrac{\omega_a}{\omega_b} = \dfrac{n_a}{n_b}$。计算轮系传动比不仅要确

定它的数值，而且要确定两轴的相对转动方向，这样才能完整表达输入轴与输出轴间的运动关系。定轴轮系各轮的相对转向可以通过逐对齿轮标注箭头的方法来确定。典型齿轮机构的箭头标注规则如图 8-3 所示（在经过轴线的截面图中，箭头方向表示齿轮可见侧的圆周速度方向）。一对平行轴外啮合齿轮 [图 8-3（a）]，其两轮转向相反，用方向相反的箭头表示。一对平行轴内啮合齿轮 [图 8-3（b）]，其两轮转向相同，用方向相同的箭头表示。一对锥齿轮 [图 8-3（c）] 传动时，其啮合点具有相同速度，故表示转向的箭头或同时指向啮合点，或同时背离啮合点。蜗轮的转向不仅与蜗杆的转向有关，而且与其螺旋线方向有关。具体判断时，可把蜗杆看作螺杆、蜗轮看作螺母来考察其相对运动。例如，图 8-3（d）中的右旋蜗杆按图示方向转动时，可借助右手做如下判断：拇指伸直，其余四指握拳，令四指弯曲方向与蜗杆转动方向一致，则拇指的指向（向左）即螺杆相对螺母前进的方向。按照相对运动原理，螺母相对螺杆的运动方向应与此相反，故蜗轮上的啮合点应向右运动，从而使蜗轮逆时针转动。同理，对于左旋蜗杆，则应借助左手按上述方法分析判断。按照上述规则，可以依次画出如图 8-1 所示定轴轮系所有齿轮的转动方向。

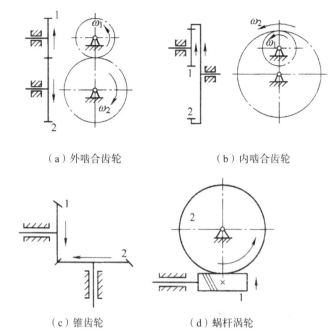

（a）外啮合齿轮　　　　　　　　（b）内啮合齿轮

（c）锥齿轮　　　　　　　　　（d）蜗杆涡轮

图 8-3　一对齿轮传动的转动方向

定轴轮系传动比数值的计算，以如图 8-1 所示定轴轮系为例说明如下。令 z_1、z_2、$z_{2'}$…表示各轮的齿数，n_1、n_2、$n_{2'}$…表示各轮的转速。因同一轴上的齿轮转速相同，故 $n_2 = n_{2'}$、$n_3 = n_{3'}$、$n_5 = n_{5'}$、$n_6 = n_{6'}$。设与轮 1 固连的轴为输入轴，与轮 7 固连的轴为输出轴。由前章所述可知，一对互相啮合的定轴齿轮的转速比等于其齿数的反比，故各对啮合齿轮的传动比数值为

$$i_{12} = \frac{n_1}{n_2} = \frac{z_2}{z_1}, \quad i_{23} = \frac{n_2}{n_3} = \frac{n_{2'}}{n_3} = \frac{z_3}{z_{2'}}$$

$$i_{34} = \frac{n_3}{n_4} = \frac{n_{3'}}{n_4} = \frac{z_4}{z_{3'}}, \quad i_{45} = \frac{n_4}{n_5} = \frac{z_5}{z_4}$$

$$i_{56} = \frac{n_5}{n_6} = \frac{n_{5'}}{n_6} = \frac{n_6}{z_{5'}}, \quad i_{67} = \frac{n_6}{n_7} = \frac{n_{6'}}{n_7} = \frac{n_7}{n_{6'}}$$

则输入轴与输出轴的传动比的数值为

$$i_{17} = \frac{n_1}{n_7} = \frac{n_1}{n_2} \frac{n_2}{n_3} \frac{n_3}{n_4} \frac{n_4}{n_5} \frac{n_5}{n_6} \frac{n_6}{n_7} = i_{12} i_{23} i_{34} i_{45} i_{56} i_{67} = \frac{z_2 z_3 z_4 z_5 z_6 z_7}{z_1 z_{2'} z_{3'} z_{4'} z_{5'} z_{6'}}$$

上式表明，定轴轮系传动比的数值等于组成该轮系的各对啮合齿轮传动比的乘积，也等于各对啮合齿轮中所有从动轮齿数的乘积与所有主动轮齿数的乘积之比。

以上结论可推广到一般情况。设轮 1 为起始主动轮，轮 K 为最末从动轮，则定轴轮系始、末两轮传动比数值计算的一般公式为

$$i_{1K} = \frac{n_1}{n_K} = \frac{\text{轮1至轮}K\text{间所有从动轮齿数的乘积}}{\text{轮1至轮}K\text{间所有主动轮齿数的乘积}} = \frac{z_2 z_3 z_4 \cdots z_K}{z_1 z_{2'} z_{3'} \cdots z_{(K-1)'}} \quad （8\text{-}1）$$

式（8-1）所求为传动比数值的大小，通常以绝对值表示。两轮相对转动方向则由图中箭头表示。

当起始主动轮 1 和最末从动轮 K 的轴线平行时，两轮转向的同异可用传动比的正负表达。两轮转向相同（n_1 和 n_K 同号）时，传动比为"$+$"；两轮转向相反（n_1 和 n_K 异号）时，传动比为"$-$"。因此，平行两轴间的定轴轮系传动比计算公式为

$$i_{1K} = \frac{n_1}{n_K} = (\pm) \frac{z_2 z_3 z_4 \cdots z_K}{z_1 z_{2'} z_{3'} \cdots z_{(K-1)'}} \qquad (8\text{-}1a)$$

两轮转向的异同一般采用前述画箭头的方法确定。

在如图 8-1 所示定轴轮系中，齿轮 4 同时和两个齿轮啮合，它既是前一级的从动轮，又是后一级的主动轮。显然，齿数 z_0 在式（8-1）的分子和分母上各出现一次，故不影响传动比的大小。这种不影响传动比数值大小，只起改变转向作用的齿轮称为惰轮或过桥齿轮。

对于所有齿轮轴线都平行的定轴轮系，也可不标注箭头，直接按轮系中齿轮外啮合的次数来确定传动比的正负。当外啮合次数为奇数时，始、末两轮反向，传动比为"$-$"；当外啮合次数为偶数时，始、末两轮同向，传动比为"$+$"。其传动比也可用公式表示为

$$i_{1K} = \frac{n_1}{n_K} = (-1)^m \frac{z_2 z_3 z_4 \cdots z_K}{z_1 z_{2'} z_{3'} \cdots z_{(K-1)'}} \qquad (8\text{-}1b)$$

式中：m 为全平行轴定轴轮系齿轮 1 至齿轮 K 之间的外啮合次数。

在如图 8-1 所示定轴轮系中，轮 1 与轮 5 之间全部轴线都平行，在 1、5 两轮之间共有三次外啮合（1—2、3'—4、4—5），故 i_{15} 为"$-$"，轮 5 与轮 1 转向相反。

第三节　周转轮系及其传动比

一、周转轮系的组成

在如图 8-4 所示的轮系中，齿轮 1 和齿轮 3 以及构件 H 各绕固定的几何轴线 O_1、O_3（与 O_1 重合）及 O_H（也与 O_1 重合）转动，齿轮 2 空套在构件 H 的小轴上。当构件 H 转动时，齿轮 2 既绕自己的几何轴线 O_2 转动（自转），又随构件 H 绕固定的几何轴线 O_H 转动（公转）。从前述轮系的定义可知，这是一个周转轮系。在周转轮系中，轴线位置变动的齿轮，即既作自转又作公转的齿轮，称为行星轮；支持行星轮作自转和公转的构件称为行星架或转臂；轴线位置固定的齿轮则称为中心轮或太阳轮。基本周转轮系由行星轮、支持它的行星架和与行星轮相啮合的两个（有时只有一个）中心

轮构成。行星架与中心轮的几何轴线必须重合，否则不能传动。

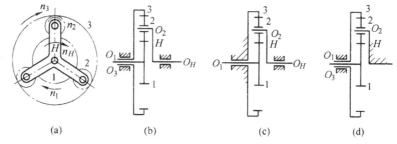

图 8-4　周转轮系及转化轮系

为了使转动时的惯性力平衡以及减轻齿轮上的载荷，常采用几个完全相同的行星轮 [图 8-4（a）] 均匀分布在中心轮的周围。由于行星轮的个数对研究周转轮系的运动没有任何影响，所以在机构简图中只需画出一个，如图 8-4（b）所示。

如图 8-4（b）所示的周转轮系，它的两个中心轮都能转动。该机构的活动构件 $n = 4$，$P_L = 4$，$P_H = 2$，机构的自由度 $F = 3 \times 4 - 2 \times 4 - 2 = 2$，需要两个原动件。这种周转轮系称为差动轮系。

如图 8-4（c）所示的周转轮系只有一个中心轮能转动，该机构的活动构件 $n = 3$，$P_L = 3$，$P_H = 2$，机构的自由度 $F = 3 \times 3 - 2 \times 3 - 2 = 1$，只需一个原动件。这种周转轮系称为行星轮系。

二、周转轮系传动比的计算

周转轮系中行星轮的运动不是绕固定轴线的简单转动，所以其传动比不能直接用求解定轴轮系传动比的方法来计算。但是，如果能使行星架变为固定不动，并保持周转轮系中各个构件之间的相对运动不变，则周转轮系就转化成为一个假想的定轴轮系，便可由式（8-1）列出该假想定轴轮系传动比的计算公式，从而求出周转轮系的传动比。

在如图 8-4（b）所示的周转轮系中，设 n_H 为行星架 H 的转速。根据相对运动原理，当给整个周转轮系加上一个绕轴线 O_H 的大小为 n_H、方向与 n_H 相反的公共转速（$-n_H$）后，行星架便静止不动，所有齿轮几何轴线的位置全都固定，原来的周转轮系便成了定轴轮系 [图 8-4（d）]。这一假想的定轴轮系称为原来周转轮系的转化轮系。现将各构件转化前后的转速列于表 8-1。

表 8-1　各构件转化前后的转速

构件	原来的转速	转化轮系中的转速
1	n_1	$n_1^H = n_1 - n_H$
2	n_2	$n_2^H = n_2 - n_H$
3	n_3	$n_3^H = n_3 - n_H$
4	n_H	$n_H^H = n_H - n_H = 0$

转化轮系中各构件的转速 n_1^H、n_2^H、n_3^H 及 n_H^H 的右上方都带有角标 "H"，表示这些转速是各构件对行星架 H 的相对转速。

既然周转轮系的转化轮系是一个定轴轮系，就可以引用求解定轴轮系传动比的方法求出任意两个齿轮的传动比。

根据传动比定义，转化轮系中齿轮 1 与齿轮 3 的传动比 i^H_{13} 为

$$i^H_{13} = \frac{n^H_1}{n^H_3} = \frac{n_1 - n_H}{n_3 - n_H} \tag{a}$$

应注意区分 i_{13} 和 i^H_{13}，前者是两轮真实的传动比，后者是假想的转化轮系中两轮的传动比。

转化轮系是定轴轮系，且其起始主动轮 1 与最末从动轮 3 的轴线平行，故由定轴轮系传动比计算式（8-1a）可得

$$i^H_{13} = \frac{n^H_1}{n^H_3} = \frac{n_1 - n_H}{n_3 - n_H} = (\pm) \frac{z_2 z_3}{z_1 z_2} \tag{b}$$

合并式（a）、（b）可得

$$i^H_{13} = \frac{n^H_1}{n^H_3} = \frac{n_1 - n_H}{n_3 - n_H} = (\pm) \frac{z_2 z_3}{z_1 z_2}$$

现将以上分析推广到一般情况。设 n_G 和 n_K 为周转轮系中任意两个齿轮 G 和 K 的转速，n_H 为行星架 H 的转速，则有

$$i^H_{GK} = \frac{n^H_G}{n^H_K} = \frac{n_G - n_H}{n_K - n_H} = (\pm) \frac{\text{转化轮系从} G \text{至} K \text{所有从动轮齿数的乘积}}{\text{转化轮系从} G \text{至} K \text{所有主动轮齿数的乘积}} \tag{8-2}$$

应用式（8-2）时，视 G 为起始主动轮，K 为最末从动轮，中间各轮的主从地位应按这一假定去判断。转化轮系中齿轮 G 和 K 的转向，用画箭头的方法判定。转向相同时 i^H_{GK} 为"＋"；转向相反时 i^H_{GK} 为"－"。在利用式（8-2）求解未知转速或齿数时，必须先确定 i^H_{GK} 的"＋""－"情况。

应当强调，只有两轴平行时，两轴转速才能代数相加，因此式（8-2）只适用于齿轮 G、K 和行星架 H 的轴线平行的场合。

上述运用相对运动原理，将周转轮系转化成假想的定轴轮系，然后计算其传动比的方法，称为相对速度法或反转法。

例 8.1　在如图 8-5 所示的行星轮系中，已知各齿轮齿数 $z_1 = 27$、$z_2 = 17$、$z_3 = 61$，齿轮 1 的转速 $n_1 = 6000\text{r/min}$，求传动比 i_{1H} 和行星架 H 的转速 n_H。

解：将行星架视为固定，画出轮系中各轮的转向，如图 8-5 中虚线箭头（虚线箭头不是齿轮真实转向，只表示假想的转化轮系中的齿轮转向）所示，由式（8-2）得

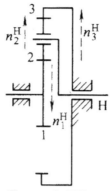

图 8-5　行星轮系

$$i_{13}^H = \frac{n_1^H}{n_3^H} = \frac{n_1 - n_H}{n_3 - n_H} = -\frac{z_2 z_3}{z_1 z_2}$$

图中 1、3 两轮虚线箭头反向，故取 "—"。由此得

$$\frac{n_1 - n_H}{0 - n_H} = -\frac{61}{27}$$

解得

$$i_{1H} = \frac{n_1}{n_H} = 1 + \frac{61}{27} \approx 3.26$$

$$n_H = \frac{n_1}{i_{1H}} = \frac{6000}{3.26} \approx 1840 r/\min$$

i_{1H} 为正，n_H 转向与 n_1 相同。

利用式（8-2）还可计算出行星齿轮 2 的转速 n_2，即

$$i_{12}^H = \frac{n_1^H}{n_2^H} = \frac{n_1 - n_H}{n_2 - n_H} = -\frac{z_2}{z_1}$$

代入已知数值

$$\frac{6000 - 1840}{n_2 - 1840} = -\frac{17}{27}$$

解得

$$n_2 \approx -4767 r/\min$$

"-"表示 n_2 的转向与 n_1 相反。

例 8.2　在如图 8-6 所示锥齿轮组成的差动轮系中，已知 $z_1 = 60$、$z_2 = 40$、$z_{2'} = z_3 = 20$，若 n_1 和 n_3 均为 120r/min，但转向相反（如图 8-6 中实线箭头所示），求 n_H 的大小和方向。

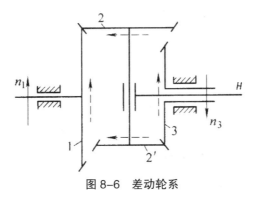

图 8-6 差动轮系

解：将 H 固定，画出转化轮系各轮的转向，如虚线箭头所示。由式（8-2）得

$$i_{13}^H = \frac{n_1^H}{n_3^H} = +\frac{z_2 z_3}{z_1 z_{2'}}$$

上式中的"+"号是由轮 1 和轮 3 虚线箭头同向而确定的，与实线箭头无关。设实线箭头朝上为正，则 $n_1 = 120\text{r/min}$，$n_3 = -120\text{r/min}$，代入上式得

$$\frac{120 - n_H}{-120 - n_H} = +\frac{40}{60}$$

解得

$$n_H = 600\text{r/min}$$

n_H 的转向与 n_1 相同，箭头朝上。

注意，本例中行星齿轮 2—2′ 的轴线和齿轮 1（或齿轮 3）及行星架 H 的轴线不平行，所以不能用式（8-2）来计算 n_2。

图 8-6 标注的两种箭头，实线箭头表示齿轮的真实转向，对应于 n_1、n_3…；虚线箭头表示 n_1^H、n_2^H、n_3^H，运用式（8-2）时，i_{13}^H 的正负取决于 n_1^H 和 n_3^H 即取决于虚线箭头。而代入 n_1、n_3 数值时又必须根据实线箭头判定其正负。

第四节　复合轮系及其传动比

在机械中，常用到由几个基本周转轮系或定轴轮系和周转轮系组合而成的复合轮系。由于整个复合轮系不可能转化成一个定轴轮系，所以不能只用一个公式来求解。计算复合轮系时，首先必须将各个基本周转轮系和定轴轮系区分开来，然后分别列出方程式，最后联立解出所要求的传动比。

正确区分各个轮系的关键在于找出各个基本周转轮系。找基本周转轮系的一般方法是：先找出行星轮，即找出那些几何轴线绕另一齿轮的几何轴线转动的齿轮；支持行星轮运动的构件就是行星架；几何轴线与行星架的回转轴线相重合，且直接与行星轮相啮合的定轴齿轮就是中心轮。这组行星轮、行星架、中心轮便构成一个基本周转轮系。区分出各个基本周转轮系以后，剩下的就是定轴轮系。

例 8.3 在如图 8-7 所示的电动卷扬机减速器中，已知各齿轮齿数 $z_1 = 24$、$z_2 = 52$、$z_{2'} = 21$、$z_3 = 78$、$z_{3'} = 18$、$z_4 = 30$、$z_5 = 78$，求 i_{1H}。

解：在该轮系中，双联齿轮 2—2′ 的几何轴线是绕着齿轮 1 和齿轮 3 的轴线转动的，所以是行星轮；支持它运动的构件（卷筒 H）就是行星架；和行星轮相啮合的齿轮 1 和齿轮 3 是两个中心轮。这两个中心轮都能转动，所以齿轮 1、2—2′、3 和行星架 H 组成一个差动轮系。剩下的齿轮 3′、4、5 是一个定轴轮系。二者合在一起便构成一个复合轮系。其中，齿轮 5 和卷筒 H 是同一构件。

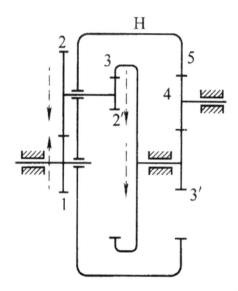

图 8-7 电动卷扬机减速器

在差动轮系中，

$$i_{13}^H = \frac{n_1^H}{n_3^H} = \frac{n_1 - n_H}{n_3 - n_H} = -\frac{52 \times 78}{24 \times 21} \tag{a}$$

在定轴轮系中，

$$i_{35} = \frac{n_3}{n_5} = -\frac{z_5}{z_{3'}} = -\frac{78}{18} = -\frac{13}{3} \tag{b}$$

由式（b）得

$$n_3 = -\frac{13}{3} n_5 = -\frac{13}{3} n_H$$

代入式（a）得

$$\frac{n_1 - n_H}{-\frac{13}{3}n_H - n_H} = \frac{169}{21}$$

解得

$$i_{1H} = 43.9$$

本节例题和习题仅介绍包含一个基本周转轮系的复合轮系，更复杂的、由几个基本周转轮系串联或并联而成的复合轮系，其求解方法请参看有关机械原理教材。

第五节　轮系的应用

轮系广泛应用于各种机械中，它的主要功用如下。

一、相距较远的两轴之间的传动

主动轴和从动轴间的距离较远时，如果仅用一对齿轮来传动，如图 8-8 中双点画线所示，齿轮的尺寸就很大，既占空间又费材料，而且制造、安装都不方便。若改用轮系来传动，如图 8-8 中点画线所示，便无上述缺点。

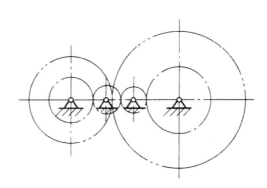

图 8-8　相距较远的两轴传动

二、实现变速传动

主动轴转速不变时，利用轮系可使从动轴获得多种工作转速。汽车、机床、起重设备等都需要这种变速传动。

如图 8-9 所示为汽车变速箱。图 8-9 中轴 I 为动力输入轴，轴 II 为动力输出轴，4、6 为滑移齿轮，A、B 为牙嵌式离合器。该变速箱可使输出轴得到四种转速。

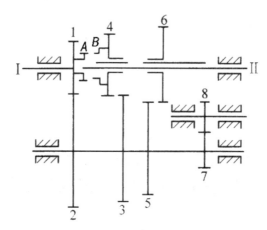

图 8-9　汽车变速箱

第一挡：齿轮 5、6 相啮合而齿轮 3、4 和离合器 A，B 均脱离。

第二挡：齿轮 3、4 相啮合而齿轮 5、6 和离合器 A，B 均脱离。

第三挡：离合器 A，B 相嵌合而齿轮 5、6 和齿轮 3、4 均脱离。

倒退挡齿轮 6、8 相啮合而齿轮 3、4 和齿轮 5、6 以及离合器 A，B 均脱离。此时，由于惰轮 8 的作用，输出轴 II 反转。

三、获得大传动比

当两轴之间需要很大的传动比时，固然可以用多级齿轮组成的定轴轮系来实现，但轴和齿轮的增加会导致结构复杂。若采用行星轮系，则只需很少几个齿轮，就可获得很大的传动比。例如，图 8-10 所示的行星轮系，当 $z_1 = 100$、$z_2 = 101$、$z_{2'} = 100$、$z_3 = 99$ 时，其传动比 i_{H1} 可达 10000。其计算如下。

由式（8-2）得

$$i_{13}^H = \frac{n_1^H}{n_3^H} = \frac{n_1 - n_H}{n_3 - n_H} = +\frac{z_2 z_3}{z_1 z_2}$$

代入已知数值

$$\frac{n_1 - n_H}{0 - n_H} = +\frac{101 \times 99}{100 \times 100}$$

解得

$$i_{1H} = \frac{1}{10000}$$

或

$$i_{H1} = 10000$$

应当指出，这种类型的行星齿轮传动，传动比越大，机械效率越低，故不宜用于传递大功率，只适用于作辅助装置的减速机构。如将它用作增速传动，甚至可能发生自锁。

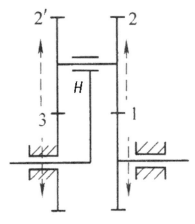

图 8–10　大传动比行星轮系

四、合成运动和分解运动

合成运动是将两个输入运动合为一个输出运动（例8.2）；分解运动是将一个输入运动分为两个输出运动。合成运动和分解运动都可用差动轮系实现。

最简单的用作合成运动的轮系如图 8-11 所示，其中 $z_1 = z_3$。由式（8-2）得

$$i_{13}^H = \frac{n_1^H}{n_3^H} = \frac{n_1 - n_H}{n_3 - n_H} = -\frac{z_3}{z_1} = -1$$

解得

$$2n_H = n_1 + n_3$$

这种轮系可用作加（减）法机构。当齿轮 1 及齿轮 3 的轴分别输入被加数和加数的相应转角时，行星架 H 转角的两倍就是它们的和。这种合成作用在机床、计算机构和补偿装置中得到广泛的应用。

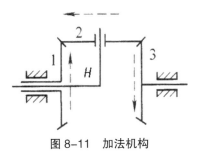

图 8–11　加法机构

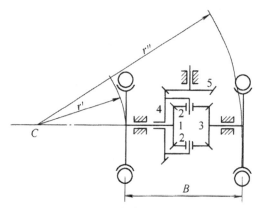

图 8-12　汽车后桥差速器

如图 8-12 所示汽车后桥差速器可作为差动轮系分解运动的实例。当汽车拐弯时，它能将发动机传给齿轮 5 的运动，以不同转速分别传递给左、右两车轮。

当汽车在平坦道路上直线行驶时，左、右两车轮滚过的距离相等，所以转速也相同。这时齿轮 1、2、3 和齿轮 4 如同一个固联的整体，一起转动。当汽车向左拐弯时，为使车轮和地面间不发生滑动以减少轮胎磨损，就要求右车轮比左车轮转得快些。这时齿轮 1 和齿轮 3 之间便发生相对转动，齿轮 2 除随齿轮 4 绕后车轮轴线公转外，还绕自己的轴线自转，由齿轮 1、2、3 和齿轮 4（行星架 H）组成的差动轮系便发挥作用。这个差动轮系和图 8-11 所示的机构完全相同，故有

$$2n_4=n_1+n_3 \qquad (a)$$

又由图 8-12 可见，当车身绕瞬时回转中心 C 转动时，左、右两车轮走过的弧长与它们至 C 点的距离成正比，即

$$\frac{n_1}{n_3}=\frac{r'}{r^H}=\frac{r'}{r'+B} \qquad (b)$$

当发动机传递的转速 n_4、轮距 B 和转弯半径 r' 为已知时，即可由以上二式算出左、右两车轮的转速 n_1 和 n_3。

差动轮系可分解运动的特性，在汽车、飞机等动力传动中得到广泛应用。

第六节　几种特殊的行星传动简介

除前面几节介绍的一般行星轮系之外，工程上还常使用下面几种特殊行星传动。

一、渐开线少齿差行星传动

渐开线少齿差行星传动的基本原理如图 8-13 所示。通常，中心轮 1 固定，行星架

H 为输入轴，V 为输出轴。输出轴 V 与行星轮 2 用等角速比机构 3 相连接，所以轴 V 的转速就是行星轮 2 的绝对转速。

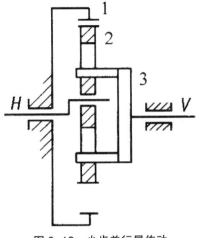

图 8-13　少齿差行星传动

这种传动的传动比可用式（8-2）求出：

$$i_{21}^H = \frac{n_2^H}{n_1^H} = \frac{n_2 - n_H}{n_1 - n_H} = +\frac{z_1}{z_2}$$

从而

$$\frac{n_2 - n_H}{0 - n_H} = \frac{z_1}{z_2}$$

解得

$$i_{2H} = 1 - \frac{z_1}{z_2} = \frac{z_2 - z_1}{z_2} = -\frac{z_1 - z_2}{z_2}$$

故

$$i_{HV} = i_{H2} = \frac{1}{i_{2H}} = -\frac{z_2}{z_1 - z_2}$$

由上式可知，两轮齿数差越少，传动比越大。通常齿数差为 1 ~ 4。当齿数差 $z_1 - z_2 = 1$ 时，称为一齿差行星传动。这时传动比具有最大值：

$$i_{HV} = -z_2$$

少齿差行星传动通常采用销孔输出机构作为等角速比机构，如图 8-14 所示。它的结构和原理是这样的：在行星轮 2 的腹板上，沿半径为 ρ 的圆周开有 J 个均布圆孔，圆孔的半径为 r_w。在输出轴 V 的圆盘 3 上，沿半径为 ρ 的圆周又均布有 J 个圆柱销，圆柱销上再套以外半径为 r_P 的销套。将这些带套的圆柱销分别插入行星轮 2 的圆孔中，使星轮和输出轴连接起来。设计时取 $r_W - r_P = A$，A 为轮 1 与轮 2 的中心距（图 8-13），也等于行星轮轴线与输出轴轴线间的距离。因此，这种传动仍保证输入轴与输出轴的轴线重合。在四边形 $O_2O_VO_PO_W$ 中，$O_2O_V = A = O_WO_P$，$O_2O_W = \rho = O_VO_P$，所以在任意位置，$O_2O_VO_PO_W$ 总保持为一平行四边形。由于 O_VO_P 总平行于 O_2O_W，所以输出轴 V 的转速始终与行星轮的绝对转速相同。

　　由于中心距 A 很小，故采用偏心轴作行星架。为了平衡和提高承载能力，通常用两个完全相同的行星轮对称安装。渐开线少齿差行星减速器的优点是传动比大、结构紧凑、体积小、重量轻、加工容易，故在起重运输、仪表、轻化、食品等工业部门广泛采用；它的缺点是啮合的齿数少、承载能力较低，而且为了避免干涉，必须进行复杂的变位计算。

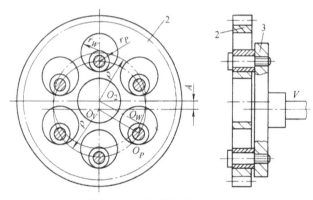

图 8-14　等角速比机构

二、摆线针轮行星传动

　　摆线针轮行星传动的工作原理和结构与渐开线少齿差行星传动基本相同。如图 8-15 所示，它也由行星架 H、两个行星轮 2 和内齿轮 1 组成。行星轮的运动也依靠等角速比的销孔输出机构传到输出轴上。摆线针轮传动的齿轮齿数差总是等于 1，所以其传动比为

$$i_{HV} = \frac{n_H}{n_V} = -\frac{z_2}{z_1 - z_2} = -z_2$$

　　摆线针轮行星传动与渐开线少齿差行星传动的不同处在于齿廓曲线各异。在渐开线少齿差行星传动中，内齿轮 1 和行星轮 2 都是渐开线齿廓；而摆线针轮行星传动中，内齿轮 1 的内齿是带套筒的圆柱销形针齿，行星轮 2 的齿廓曲线则是短幅外摆线的等距曲线。

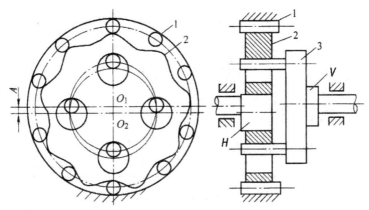

图 8-15　摆线针轮行星减速器示意图

摆线针轮行星传动除具有传动比大、结构紧凑、体积小、重量轻及效率高的优点外，还因同时承担载荷的齿数多，以及齿廓之间为滚动摩擦，所以传动平稳、承载能力强、轮齿磨损小、使用寿命长，广泛地应用于军工、矿山、冶金、化工及造船等工业的机械设备上。它的缺点是加工工艺较复杂，精度要求较高，必须用专用机床和刀具加工摆线齿轮。

三、谐波齿轮传动

谐波齿轮传动的主要组成部分如图 8-16 所示，H 为波发生器，它相当于行星架；1 为刚轮，它相当于中心轮；2 为柔轮，可产生较大的弹性变形，它相当于行星轮。行星架 H 的外缘尺寸大于柔轮内孔直径，所以将它装入柔轮内孔后柔轮即变成椭圆形。椭圆长轴处的轮齿与刚轮相啮合，而椭圆短轴处的轮齿与之脱开，其他各点则处于啮合和脱离的过渡状态。一般刚轮固定不动，当主动件波发生器 H 回转时，柔轮与刚轮的啮合区也就跟着发生转动。由于柔轮比刚轮少（$z_1 - z_2$）个齿，所以当波发生器转一周时，柔轮相对刚轮沿相反方向转过（$z_1 - z_2$）个齿的角度，即反转 $\dfrac{z_1 - z_2}{z_2}$ 周，因

此可得传动比为该式和渐开线少齿差行星传动的传动比公式完全相同。

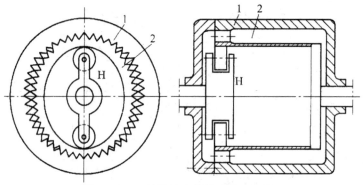

图 8-16 双波谐波齿轮传动的示意图

$$i_{H2} = \frac{n_H}{n_2} = -\frac{1}{(z_1 - z_2)/z_2} = -\frac{z_2}{z_1 - z_2}$$

按照波发生器上装的滚轮数不同，可以有双波传动（图8-16）和三波传动（图8-17）等，而最常用的是双波传动。谐波传动的齿轮齿数差应等于波数或波数的整倍数。

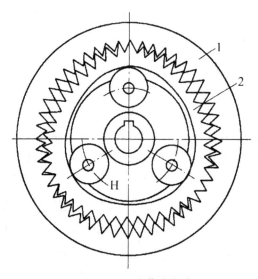

图 8-17 三波谐波传动

为了加工方便，谐波齿轮的齿形多采用渐开线齿廓。

谐波传动装置除传动比大、体积小、重量轻和效率高外，还因柔轮与波发生器、输出轴共轴线，不需要等角速比机构，结构更为简单；同时啮合的齿数很多，承载能力强，传动平稳；齿侧间隙小，适宜于反向传动。谐波传动的缺点是柔轮周期性地变形，容易发热，需用抗疲劳强度很高的材料，且加工、热处理要求都很高，否则极易损坏。

目前，谐波传动已应用于造船、机器人、机床、仪表和军事装备等各个方面。

第九章 联轴器、离合器和制动器

联轴器和离合器主要用于轴与轴之间的连接，使它们一起回转并传递转矩。用联轴器连接的两根轴，只有在机器停止运转后才能拆卸。用离合器连接的两根轴，在机器运转过程中就能使两轴连接或分离。制动器是用来降低机械运转速度或迫使机械停止运转的装置，如图 9-1 所示。联轴器、离合器和制动器的结构形式很多，常用的大部分已经标准化，本章仅介绍几种常用类型的结构特点、适用场合及选择。

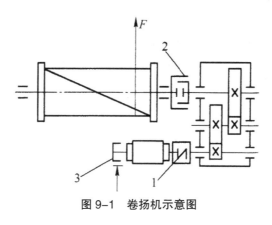

图 9-1 卷扬机示意图

1—联轴器；2—离合器；3—制动器

第一节 联轴器

联轴器所连接的两轴由于机器制造及安装误差、运转时零件的变形、机座下沉和轴承磨损等原因往往不能保证两轴线对中，被连接的两轴可能发生相对位移或偏斜的情况，如图 9-2 所示。如果这些位移得不到补偿，将会在轴、轴承和联轴器上引起附加载荷。因此，在不能避免两轴相对位移的情况下，应采用可移式联轴器来补偿被连接两轴的位移和偏斜。

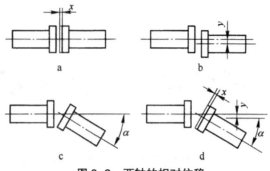

图 9-2　两轴的相对位移

a—轴向位移x；b—径向位移y；c—偏向位移α；d—综合位移x、y、α

根据被连接两轴的相对位置关系，联轴器可分为固定式和可移式两类。固定式联轴器用在两轴能严格对中、工作时不发生相对位移的场合；可移式联轴器则用在两轴有偏斜或工作中有相对位移的场合。

在可移式联轴器中，根据补偿位移方法的不同，又可分为两类：刚性可移式联轴器，利用联轴器的结构和工作零件间的间隙来实现补偿；弹性可移式联轴器，利用联轴器中弹性元件的变形来补偿。

一、固定式联轴器

（一）套筒联轴器

如图 9-3 所示，套筒联轴器是由连接两轴端的套筒和连接套筒与轴的键或销钉组成。这种联轴器结构简单、径向尺寸小、成本低，适用于轴的对中性好、低速、无冲击、安装精度高的场合。

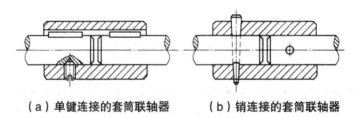

（a）单键连接的套筒联轴器　　（b）销连接的套筒联轴器

图 9-3　套筒联轴器

（二）凸缘联轴器

凸缘联轴器是把两个带有凸缘的半联轴器用键分别与两轴连接，然后用螺栓把两个半联轴器连成一体，如图 9-4 所示。按对中方式不同，这种联轴器有两种结构形式：如图 9-4（a）所示为Ⅰ型，此种结构用凸肩和凹槽对中，并用普通螺栓连接，螺栓与孔间存在间隙，靠两半联轴器接触面间的摩擦力传递转矩，装拆时需移动轴。如图 9-4

（b）所示为Ⅱ型，此种结构用铰制孔螺栓对中，螺栓与孔壁间略有过盈的紧密配合，靠螺栓承受挤压和剪切来传递转矩，装拆时无需移动轴。两者比较，尺寸相同时，Ⅱ型比Ⅰ型传递转矩大，但Ⅱ型加工麻烦。

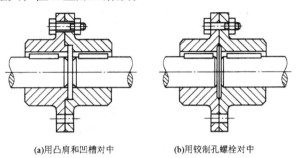

(a)用凸肩和凹槽对中   (b)用铰制孔螺栓对中

图 9-4　凸缘联轴器

凸缘联轴器结构简单、成本低、能传递较大转矩，但不能缓冲减振，并且对两轴对中性的要求很高，主要用于载荷平稳和两轴严格对中的场合。

二、刚性可移式联轴器

（一）十字滑块联轴器

如图 9-5 所示，十字滑块联轴器是由两个端面带凹槽的半联轴器和一个两端面带有十字交叉凸块的中间盘组成。安装时将中间盘的凸块分别嵌装在两个半联轴器的凹槽中。因凸块可在凹槽中滑动，故可补偿安装及运转时两轴间的相对位移。它所允许的两轴的径向位移 $y \leqslant 0.04d$（d 为轴径，单位 mm），角位移 $\alpha \leqslant 30'$。

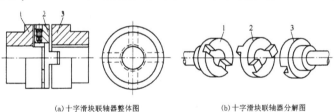

(a)十字滑块联轴器整体图   (b)十字滑块联轴器分解图

图 9-5　十字滑块联轴器

1，3—半联轴器；2—中间盘

这种联轴器径向尺寸较小，结构简单，适用于转矩大、两轴间相对位移量较大、转速不高且无剧烈冲击的场合。

（二）万向联轴器

如图 9-6（a）所示，万向联轴器是由两个叉形零件 1、2 和一个十字形零件 3 以及轴所组成的。这样就构成了一个可动的连接。允许连接的两轴间有较大的角偏移，最大可达 45°。当两轴线不同轴时，主动轴等角速度回转，而从动轴角速度在某一范围内作周期性变化，因而在传动中产生附加动载荷。为改善这种情况，常将万向联轴器成对使用，如图9-6（b）所示。

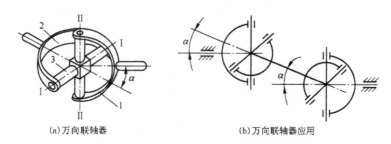

(a)万向联轴器　　　　　　　　(b)万向联轴器应用

图9-6　万向联轴器

1，2—叉形零件；3—十字形零件

（三）齿式联轴器

齿式联轴器是由两个带有内齿及凸缘的外套筒和两个带有外齿的内套筒所组成的，如图9-7所示。两个内套筒分别用键与两轴相连接，两个外套筒用螺栓连接，依靠内外齿相啮合传递转矩。内、外齿的齿廓为渐开线；齿数通常为30～80，外齿轮的齿顶作成球面（球面中心应位于轴线上）。啮合时因有较大的齿侧和齿顶间隙，故具有补偿综合位移的能力。

这种联轴器外部尺寸紧凑，能传递较大转矩，且工作可靠，但结构复杂，制造成本高。适用于启动频繁，经常正反转工作的重型机械。

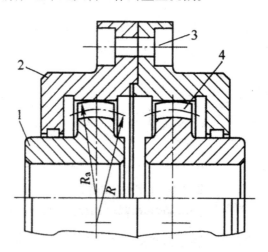

图9-7　齿式联轴器

1—内套筒；2—外套筒；3—螺栓连接孔；4—齿

三、弹性联轴器

（一）弹性套柱销联轴器

弹性套柱销联轴器的构造与凸缘联轴器相似，只是用套有弹性套的柱销代替了连接螺栓，弹性套用橡胶制成，如图9-8所示。工作时依靠弹性套的变形来补偿两轴线的偏移，并有缓冲和吸振作用。但弹性套易损坏，寿命较短，适用于经常正反转、启动频繁、载荷平稳和高速运转的传动场合中。

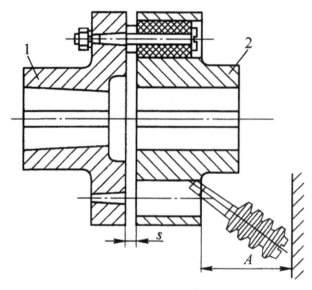

图9-8　弹性套柱销联轴器

1—Y型轴孔（圆柱形）；2—Z型轴孔（圆锥形）

（二）弹性柱销联轴器

弹性柱销联轴器是由一组木销或尼龙销将两半连轴器连接在一起，为防止脱销，柱销两端用螺钉固定了挡板，如图9-9所示。这种销联轴器制造容易，耐久性好，安装维护方便，传递转矩大；可代替弹性套柱销联轴器使用。适用于轴向位移大，正、反转或启动频繁的传动场合。采用尼龙柱销时，温度控制在 - 20 ～ + 70℃之间。

（三）轮胎式联轴器

如图9-10所示，轮胎式联轴器是由橡胶或橡胶织物制成的特型轮胎，用压板和螺栓把半联轴器连接而成。两半联轴器分别用键与两轴相连，通过轮胎传递转矩。轮胎式联轴器富有弹性，具有良好的消振能力,能有效地降低动载荷和补偿较大的轴向位移，而且绝缘性能好，运转时无噪声。缺点是径向尺寸较大；当转矩大时，会因过大扭转变形而产生附加轴向载荷。适用于潮湿、多尘、冲击大，正反转次数多及启动频繁的场合，起重机械多用。

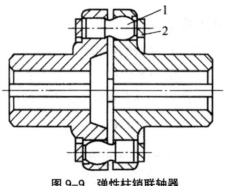

图 9-9　弹性柱销联轴器
1—弹性柱销；2—挡板

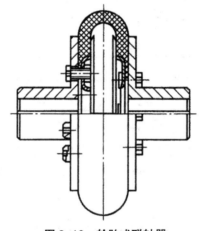

图 9-10　轮胎式联轴器

四、联轴器的选择

绝大多数联轴器均已标准化或规格化（见有关手册）。一般机械设计者的主要任务是选用，而不是设计。联轴器的选择包括类型选择和尺寸选择。

（一）类型选择

在选择联轴器类型时，主要考虑的因素有：被连接在两轴的对中性、载荷大小和特性、工作温度。当两轴心线能保证同轴时，可选用固定式联轴器；若不能保证两轴同心或工作中可能发生各种偏移时，应选择有补偿能力的可移式联轴器；若机器频繁启动，制动或载荷变化大时，应选用弹性联轴器。当工作环境温度较高时，一般不使用具有橡胶或尼龙等弹性元件的联轴器，此外，还要考虑方便装拆、维护和更换。

（二）尺寸选择

在选定联轴器类型后，可按轴的直径、启动转矩和转速从有关手册中选择适合的型号，使轴的直径、工作转矩和转速在该尺寸结构联轴器的允许范围内。

多数情况下，每一种型号的联轴器适用的轴的直径均有一个范围。标准中或者给出轴直径的最大值和最小值，或者给出适用直径的尺寸系列，被连接两轴的直径应当在此范围之内选取。

考虑机械在启动和制动时惯性力及工作过程中过载等因素的影响，在选择和校核联轴器时，应以计算转矩 T_c 为依据，其值为

$$T_c = K_A \cdot T \tag{9-1}$$

式中：T——联轴器传递的名义转矩，N·mm；

K_A——工作情况系数，见表9-1。

表9-1　工作情况系数 K_A

工作机		系数 K_A			
分类	工作情况举例	电动机汽轮机	四缸和四缸以上内燃机	双缸内燃机	单缸内燃机
I	转矩变化很小，如发电机、小型通风机、小型离心泵	1.3	1.5	1.8	2.2
II	转矩变化小，如透平压缩机、木工机床、运输机	1.5	1.7	2.0	2.4
III	转矩变化中等，如搅拌机、增压泵、冲床	1.7	1.9	2.2	2.6
IV	转矩变化和冲击载荷中等，如织布机、拖拉机	1.9	2.1	2.4	2.8
V	转矩变化和冲击载荷较大，如造纸机、起重机	2.3	2.5	2.8	3.2
VI	转矩变化大并有极强烈的冲击载荷，如压延机、重型初轧机	3.1	3.3	3.6	4.0

第二节　离合器

离合器在机器运转中可将传动系统随时分离或接合。对离合器的要求有：接合平稳、分离彻底迅速、调整和维修方便、散热性和耐磨性好、对中方便、省力。离合器的类型很多，常用的有牙嵌式和摩擦式两大类。

一、牙嵌离合器

如图9-11所示，牙嵌离合器是由两个端面带有牙的半离合器组成，一个半离合器用平键与主动轴固定，另一个半离合器利用导向平键或花键与从动轴连接，操纵机构可使其沿轴向移动以实现离合，从动轴可在对中环内自由转动。

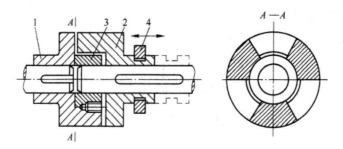

图 9-11　牙嵌离合器

1，2—半离合器；3—对中环；4—操纵机构

牙嵌离合器常用的牙型如图 9-12 所示，三角形牙 [图 9-12（a）] 容易接合和分离，用于传递小转矩；矩形牙 [图 9-12（b）] 不便于接合，分离也困难，磨损后无法补偿，应用较少；梯形牙 [图 9-12（c）] 强度高，能传递较大转矩，并可补偿磨损产生的齿侧间隙，接合与分离比较容易，故应用较广；锯齿形牙 [图 9-12（d）] 强度高，传递转矩能力大，多在重载情况下应用，但只能单向工作。

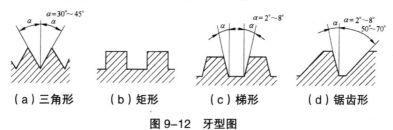

（a）三角形　　　（b）矩形　　　（c）梯形　　　（d）锯齿形

图 9-12　牙型图

牙嵌离合器结构简单，尺寸紧凑，并能传递较大转矩，由于它是刚性啮合，齿面间无相对滑动，可实现准确的运动传递。但在运动中接合时有冲击，故只能在低速和静止状态下接合。

二、摩擦离合器

摩擦离合器靠两接触工作面间的摩擦力来传递转矩，其工作面可作成圆盘形、圆锥形等。圆盘摩擦离合器又可以分为单盘式和多盘式两种。如图 9-13 所示为单盘摩擦离合器。主动盘固定在主动轴上，从动盘用导向平键连在从动轴上，操纵机构可使其在从动轴上移动。接合时以力 F_A 压在从动盘上，主动轴上的转矩是由两盘接触面间产生的摩擦力矩传到从动轴上。

如图 9-14 所示为多盘摩擦离合器。主动轴与外壳相连，从动轴与套筒相连。外壳与一组外摩擦片通过花键连接，随外壳一起回转，它的内孔不与任何零件接触。套筒与另一组内摩擦片也通过花键连接。当滑环向左移动时，杠杆通过压板将所有内、外摩擦片紧压在调节螺母上，离合器接合。当滑环向右移动时，杠杆 8 在弹簧的作用下绕支点逆时针转动，摩擦片分开，离合器分离。

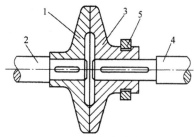

图 9-13 单盘摩擦离合器

1—主动盘；2—主动轴；3—从动盘；4—从动轴；5—操纵机构

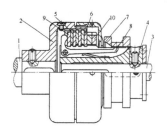

图 9-14 多盘摩擦离合器

1—主动轴；2—外壳；3—从动轴；4—套筒；5—外摩擦片；6—内摩擦片；7—滑环；8—杠杆；
9—压板；10—调节螺母

　　摩擦离合器和牙嵌离合器相比，有下列优点：无论在何种速度，两轴都可以接合或分离；接合过程平稳，冲击、振动较小；从动轴的加速时间和所传递的最大转矩可调节；过载时可发生打滑。缺点为外部尺寸较大，结构复杂，成本高，磨损大，当产生滑动时不能保证两轴精确同步转动。

第三节　制动器

　　制动器是用来降低机械的运转速度或迫使机械停止转动，在车辆、飞机和起重机等机械中，广泛采用各种形式的制动器。以下介绍两种常见的制动器。

一、块式制动器

　　如图 9-15 所示，块式制动器是靠瓦块与制动轮间的摩擦力来实现制动的。当线圈通电时，电磁铁绕 O 点逆时针转动，同时压迫推杆使其右移，因而主弹簧被压缩，左右制动臂上端距离增大，两臂向外摆动，瓦块离开制动轮，这时制动轮处于开启状态，辅助弹簧使左右两瓦块均匀离开制动轮，机器便能运转。当在图 9-15 所示状态时，电磁铁不动，主弹簧把左右两制动臂收拢，瓦块同时压紧制动轮，机器便能停止运转。

　　块式制动器制动和开启迅速、尺寸小、重量轻、易于调节制动块间隙、更换瓦块和电磁铁方便，但制动时冲击大、开启时电磁铁吸力大，因而电磁铁的尺寸、重量及电量消耗都较大，故不宜用于制动力矩大和需要频繁制动的场合。

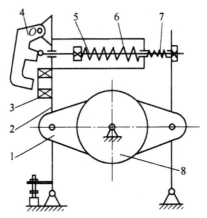

图 9-15　块式制动器

1—瓦块；2—制动臂；3—线圈；4—电磁铁；5—推杆；6—主弹簧；7—辅助弹簧；8—制动轮

二、带式制动器

如图 9-16 所示，带式制动器由制动轮和围绕在轮上的制动带所组成。在重锤的作用下，制动带与制动轮之间产生摩擦力，从而实现合闸运动，在电磁铁或人力作用下提升重锤实现松闸。

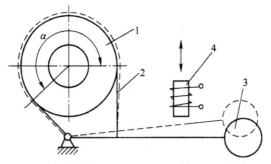

图 9-16　带式制动器

1—制动轮；2—制动带；3—重锤；4—电磁铁

带式制动器结构简单，径向尺寸紧凑，为增加摩擦力、耐磨性及易于散热，制动带材料一般为钢带上覆以石棉或夹铁砂帆布。

第十章 弹簧

第一节 概述

弹簧是利用材料的弹性变形进行工作的一种常用的弹性零件。弹簧的主要功用有：①控制机械运动，如凸轮机构及离合器和各种调速器中的弹簧；②缓冲吸振，如车辆中的缓冲弹簧和板簧装置及联轴器中的弹簧等；③储蓄能量，如钟表中的弹簧；④测量载荷，如测力器和弹簧秤中的弹簧。

弹簧的种类繁多，按承受载荷的性质可分为：拉伸弹簧、压缩弹簧、扭转弹簧和弯曲弹簧；按弹簧的形状可分为：螺旋弹簧、碟形弹簧、环形弹簧、盘簧和板弹簧等。常用弹簧的基本类型见表10-1。

表 10-1 弹簧的基本类型

按形状分	拉伸	压缩		扭转	弯曲
螺旋形	圆柱形拉伸旋转弹簧	圆柱形压缩旋转弹簧	圆柱形压缩螺旋弹簧	圆柱形扭转螺旋弹簧	—
其他	—	环形弹簧	碟形弹簧	盘簧	板弹簧

圆柱形螺旋弹簧由于制造简便，应用最广，因此本章主要介绍圆柱形螺旋拉伸、压缩弹簧的结构和设计。

第二节　弹簧的制造、材料和许用应力

一、弹簧的制造

螺旋弹簧的制造过程包括：卷绕、制作挂钩（拉簧和扭簧）或两端面加工（指压簧）、热处理、工艺试验和强压处理。

卷绕是将符合技术条件规定的簧丝卷绕在芯子上。大批生产时，是在自动卷簧机上卷制的，小批及单件生产则常在普通车床上或手工卷制。卷制方法分冷卷和热卷两种。冷卷法用于簧丝直径小于 10mm，并经预热处理的优质碳素弹簧钢丝。在常温下卷成后，经低温回火以消除内应力。热卷法用于直径较大的强力弹簧，热卷时的温度在 800 ～ 1000℃范围，卷成后需经过淬火和回火处理。弹簧在卷制和热处理后，应进行表面检验及工艺性试验，以鉴定弹簧的质量。

为了提高承载能力，可对弹簧进行强压处理。强压处理是将弹簧预先压缩到超过材料弹性极限的状态，并持续 6 ～ 48h，使弹簧丝内产生与工作应力方向相反的残余应力，受载时可抵消一部分工作应力，从而提高弹簧的承载能力。强压处理后的弹簧不允许再进行热处理，不宜用于高温（150 ～ 450℃）、变载荷及有腐蚀介质的环境中，否则会使弹簧过早发生破坏。受变载荷的弹簧，可采用喷丸处理延长其疲劳寿命。

二、弹簧的材料

根据弹簧的工作情况，一般对弹簧材料提出以下要求：具有高的弹性极限和疲劳极限，足够的冲击韧性和塑性，良好的热处理性能等。我国常用的几种弹簧材料的使用性能见表 10-2。

选择弹簧材料时，应考虑弹簧的功用、重要程度、载荷的大小及性质、工作温度和周围介质的情况，以及经济性等因素。一般应优先选用碳素弹簧钢丝。

三、弹簧的许用应力

弹簧材料的许用切应力 $[\tau]$ 和许用弯曲正应力 $[\sigma_{bb}]$ 的大小与弹簧材料、载荷性质等因素有关。表 10-2 列出了常用弹簧材料的许用应力值。碳素弹簧钢丝的抗拉强度按表 10-3 选择。

表 10-2　常用弹簧材料的使用性能　（MPa）

类别	代号	许用切应力 [τ]			许用弯曲正应力 σ_{bb}		切变模量 G	弹性模量 E	推荐硬度范围 HRC	推荐使用温度 /°C	特性及用途
		I类弹簧	II类弹簧	III类弹簧	II类弹簧	III类弹簧					
碳素钢丝	65 70	$0.3\sigma_b$	$0.4\sigma_b$	$0.5\sigma_b$	$0.5\sigma_b$	$0.625\sigma_b$	d=0.5~4mm 83000~80000 d>4mm 80000	d=0.5~4mm 207500~ d>4mm 200000	—	-40~120	强度高,性能好,适用于小弹簧
	65Mn 70Mn					$0.6\sigma_b$					
合金钢丝	60Si2Mn 60Si2MnA	480	640	800	800	1000	80000	200000	45~52	-40~200	弹性好,回火稳定型好,易脱碳,用于受大载荷的弹簧
	65Si2MnWA	570	760	950	950	1190	80000	200000	43~47	-40~250	强度高,耐高温,弹性好
	50CrVA 30W4Cr2VA	450	600	750	750	940	80000	200000	43~47	-40~500	高温时强度高,淬透性好
不锈钢丝	1Cr18Ni9 1Cr18Ni9Ti	330	330	440	550	690	73000	197000	—	-250~300	耐腐蚀,耐高温,工艺性好,适用于小弹簧
	4Cr13	450	600	750	750	940	77000	219000	48~53	-40~300	耐腐蚀,耐高温,适合用作大弹簧
合金钢丝	QSi3—1	270	360	450	450	560	41000	95000	90~100	-40~120	耐腐蚀,防磁性号
	QSn4—3 QSn6.5—0.1						40000				

注：1. 按受力循环次数 N 不同，弹簧分为三类： I 类 $N > 10^6$ ； II 类 $N = 10^3 \sim 10^5$ 以及受冲击载荷的； III 类 $N < 10^3$ 。

2. 碳素弹簧钢丝（65、70）按力学性能不同分为 I 、 II 、 IIa、 III 四组， I 组强度最高，依次为 II 、 IIa、 III 组。

3. 碳素弹簧钢丝的抗拉强度 σ_b 见表 10-3。

4. 弹簧的工作极限应力 τ_{lim} ： I 类 $\leq 1.67[\tau]$ ； II 类 $\leq 1.25[\tau]$ ； III 类 $\leq 1.12[\tau]$ 。

5. 表中许用切应力为压缩弹簧的许用值，拉伸弹簧的许用应力为压缩弹簧的80%。

6. 强压处理的弹簧，其许用应力增大25%；喷丸处理的弹簧，其许用应力可增大20%。

7. 轧制钢材的力学性能与钢丝相同。

表 10-3　碳素弹簧钢丝的抗拉强度　（MPa）

代号		钢丝直径 d/mm														
		0.2	0.3	0.5	0.8	1.0	1.2	1.6	2.0	2.5	3.0	3.5	4.0	4.5	5.0	6.0	8.0
σ_b	I 组	2700	2700	2650	2600	2500	2400	2200	2000	1800	1700	1650	1600	1500	1500	1450	—
	II、IIa 组	2250	2250	2200	2150	2050	1950	1850	1800	1650	1650	1550	1500	1400	1400	1350	1250
	III 组	1750	1750	1700	1700	1650	1550	1450	1400	1300	1300	1200	1150	1150	1100	1050	1000

注：接力学性能的不同，碳素弹簧钢丝可分为 I 、II 、IIa 和 I 四组。在抗拉强度相同的情况下，IIa 比 II 有更好的塑性。表中均为下限值。

第三节　圆柱形拉伸、压缩螺旋弹簧的结构和特性曲线

一、拉伸、压缩弹簧的结构及尺寸

如图 10-1（a）所示的拉伸弹簧中，d 为弹簧丝直径，D_1、D_2、D 分别为弹簧的内径、中径和外径，H_0 为弹簧的自由高度，t 为节距，α 为螺旋角，一般用 n 表示弹簧的工作圈数。拉伸弹簧在自由状态时，各圈应相互并紧。拉簧的两端制有挂钩，以便安装和加载。其端部结构如图 10-1（b）所示。其中，LI 型与 LII 型制造方便，但端部因弯曲成型而产生较大的弯曲应力，适用于簧丝直径 d < 10mm、中小载荷和不重要的场合。LIII 和 LIV 型是另装上去的活动钩，故无前述缺点，但制造成本高，适用于变载或载荷较大的场合。

图 10-2（a）为圆柱压缩弹簧，其主要参数与拉伸弹簧基本一样，只是弹簧在自由状态下各圈之间留有适当的间隙 δ，以备受载时变形。压缩弹簧端部结构如图 10-2（b）所示。弹簧两端各有 3/4 ~ $1\frac{3}{4}$ 圈并紧，只起支承作用，不参与变形，故称支承圈或死圈。支承圈形式有不磨平端（YI 型）和磨平端（YII 型）两种。重要的场合应采用后一种，以保证两支承端面与弹簧轴线垂直，使弹簧受压时不致歪斜。

圆柱压缩、拉伸螺旋弹簧的几何尺寸计算列于表 10-4。

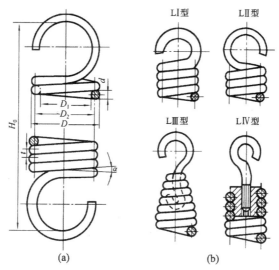

图 10-1　拉伸弹簧几何参数和端部结构

表 10-4　圆柱螺旋弹簧的几何尺寸

计算项目	压缩弹簧	拉伸弹簧
弹簧中径 D_2	$D_2=Cd$	
弹簧外径 D	$D=D_2+d$	
弹簧内径 D_1	$D_1=D_2-d$	
内隙 δ	根据工作条件确定，一般可取 $$\delta \geqslant \frac{\lambda_2}{n}+0.1d \text{ 或 } \delta=f_3=\frac{\lambda_3}{n}$$	$\delta=0$
节距 t	$$t=d-\delta=d+\frac{\lambda_2}{n}+\delta_2$$ 一般 $t\approx\dfrac{D_2}{3}\sim\dfrac{D_2}{2}$	$t\approx d$
工作圈数 n	根据工作条件确定	
总圈数 n_1	$n_1=n+（1.5\sim2.5）$	$n_1=n$
自由高度 H_0	两端并紧不磨平 $H_0=n\delta+（n_1+1）d$ 两端并紧磨平 $H_0=n\delta+（n_1-0.5）d$	$H_0=nd+$ 钩环尺寸
螺旋角 a	$a=\tan^{-1}\dfrac{t}{\pi d_2}$ 对压缩弹簧 $a\approx5°\sim9°$	
簧丝展开长度 L	$L=\dfrac{\pi D_2 n_1}{\cos a}\approx\pi D_2 n_1$	$L\approx\pi D_2 n+$ 钩环展开长度

注：C 为旋绕比，或称弹簧指数；f_3 为极限载荷下的单圈变形量；

δ_2 为在最大工作载荷 P_2 作用下各圈之间需保留的间隙，一般可取 $\delta_2 \geqslant 0.1d$；

λ_2、λ_3 见图 10-3。

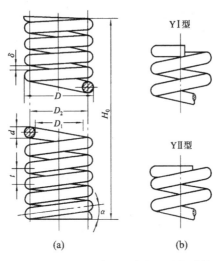

图 10-2   压缩弹簧几何参数和端部结构

二、弹簧的特性曲线

弹簧的轴向工作载荷 P 与轴向变形量 λ 之间的关系曲线称为弹簧的特性曲线。常用的等节距圆柱螺旋弹簧的变形随载荷按直线变化，其特性曲线为一直线。

图 10-3 为压缩弹簧的特性曲线。图中 H_0 为弹簧未受载时的自由高度。安装时通常对弹簧预加一初载荷 P_1，使弹簧能可靠地安装在工作位置上。P_2 是最小载荷，对应的弹簧长度为 H_1，其压缩变形量为 λ_1。P_2 为弹簧的最大工作载荷，在 P_2 作用下，弹簧长度减小到 H_2，其压缩变形量为 λ_2，弹簧的工作行程为 λ_0，$\lambda_0 = \lambda_2 - \lambda_1$。$P_3$ 是弹簧的极限载荷，此时弹簧丝内应力达到材料的弹性极限，弹簧长度为 H_3，压缩变形量为 λ_3。设计时可取弹簧的初始载荷 $P_1 = (0.1 \sim 0.5) P_2$，P_2 由工作条件确定，为使弹簧处于弹性变形范围内工作，应使 $P_2 \leqslant 0.8 P_3$。

图 10-4 为拉伸弹簧的特性曲线。按照卷绕方法的不同，拉伸弹簧分为无初应力和有初应力两种。无初应力的拉伸弹簧与压缩弹簧基本一致，只是间隙 δ 为零或极小，其特性曲线如图 10-4（a）所示。有初应力的拉伸弹簧为了减小其轴向尺寸，在卷绕过程中同时使弹簧丝绕自身轴线扭转，以便各圈相互并紧，此时弹簧已承受初拉力 P_0，其特性曲线如图 10-4（b）所示。图中 x 为预变形量，必先克服预变形量 x，弹簧才开始受力伸长。一般初拉力 P_0 可按簧丝直径 d 选取：当 $d \leqslant 5\text{mm}$ 时，取 $P_0 \approx \frac{1}{3} P_3$；当 $d > 5\text{mm}$ 时，取 $P_0 \approx \frac{1}{4} P_3$。

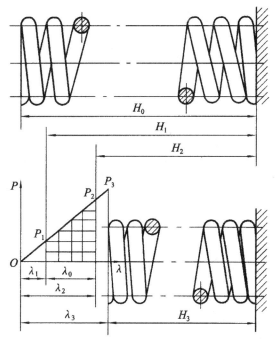

图 10-3 压缩弹簧的特性曲线

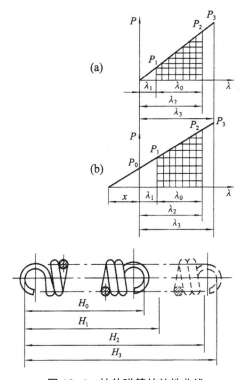

图 10-4 拉伸弹簧的特性曲线

由图 10-3 和图 10-4 可得

$$\frac{P_1}{\lambda_1} = \frac{P_2}{\lambda_2} = \cdots = k$$

式中：k 为弹簧刚度，即使弹簧产生单位变形所需的载荷。在加载过程中，弹簧所储存的能量为变形能 U，即图 10-3 和图 10-4 中用小方格表示的面积。

在弹簧工作图中，应绘出弹簧的特性曲线，以作为检验和试验时的依据之一。

第四节　圆柱形拉伸、压缩螺旋弹簧的设计计算

一、弹簧的受力分析和应力分析

圆柱形拉伸、压缩螺旋弹簧在受拉或受压时，弹簧丝的受力情况是相同的，现以压缩弹簧为例进行分析。

图 10-5（a）为一压缩弹簧的分离体。因一般弹簧的螺旋角 α 小于 9°，故可认为通过弹簧轴线的截面就是簧丝的法截面。由力的平衡可知，在此截面上作用着剪力 P 和扭矩 T，且有 $T = P \cdot \dfrac{D_2}{2}$。如果是拉伸弹簧，其受力分析与上述相同，只是扭矩 T 和剪力 P 的方向不同。在扭矩 T 作用下，截面上将产生扭转切应力 τ'，如图 10-5（b）所示，$\tau' = \dfrac{T}{W_t} = \dfrac{16T}{\pi d^3}$，$W_t$ 为弹簧丝的抗扭截面系数。在剪力 P 作用下，截面上将产生切应力 τ''，如图 10-5（c）所示，$\tau'' = \dfrac{P}{A} = \dfrac{4P}{\pi d^2}$，$A$ 为弹簧丝的横截面面积。

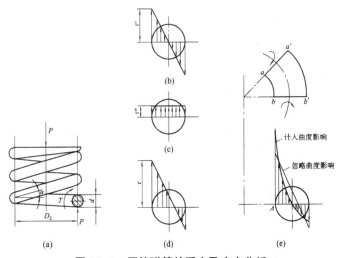

图 10-5　压缩弹簧的受力及应力分析

把扭矩 T 产生的扭转切应力 τ' 与剪力 P 产生的切应力 τ'' 合成后，如图 10-5（d）所示，弹簧内侧的总切应力最大，其计算公式为

$$\tau = \tau' + \tau'' = \frac{8PD_2}{\pi d^3} + \frac{4P}{\pi d^3} = \frac{8PD_2}{\pi d^3}\left(1 + \frac{d}{2D_2}\right) \qquad (10\text{-}1)$$

令 $C = D_2/d$，则簧丝截面的最大切应力为

$$\tau = \frac{8PD_2}{\pi d^3}\left(1 + \frac{1}{2C}\right) \qquad (10\text{-}2)$$

式中：C 称为旋绕比（或弹簧指数），是衡量弹簧曲率的重要参数。实际弹簧丝的受力情况如同一个受扭矩和剪力的曲梁，如图 10-5（e）所示。取出一段簧丝，因它的外侧纤维比内侧纤维长（$a'\,b' > ab$），所以当 aa' 截面相对于 bb' 截面扭转某角度时，内侧纤维的单位扭转变形比外侧大，因而内侧扭转切应力也就比外侧的大，并以靠近弹簧轴线的 A 点为最大。其应力分布情况见图 10-5（e）。

考虑到上述弹簧的螺旋角和曲率对弹簧工作应力的影响，引进曲度系数 K，这样簧丝内侧的最大切应力为

$$\tau = K\frac{8PD_2}{\pi d^3} \qquad (10\text{-}3)$$

对圆截面簧丝，曲度系数 K 按下式计算：

$$K = \frac{4C-1}{4C-4} + \frac{0.615}{C}$$

K 值也可由旋绕比 C 直接从图 10-6 中查出。

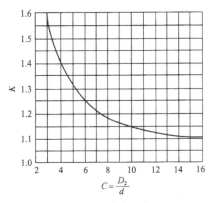

图 10-6 曲度系数 K

二、弹簧的强度计算和刚度计算

（一）强度计算

强度条件为

$$\tau = K\frac{8PD_2}{\pi d^3} \leqslant [\tau] \qquad (10\text{-}4)$$

簧丝直径 d 的设计公式为

$$d \geqslant 1.6\sqrt{\frac{PKC}{[\tau]}} \qquad (10\text{-}5)$$

式中：$[\tau]$ 为弹簧材料的许用切应力，按表 10-2 选取。

（二）刚度计算

由材料力学导出的圆柱形压缩（拉伸）弹簧受轴向载荷后的轴向变形量 λ 的计算式为

$$\lambda = \frac{8PD_2^3 n}{Gd^4} = \frac{8PC^3 n}{Gd} \qquad (10\text{-}6)$$

弹簧刚度的计算式为

$$k = \frac{P}{\lambda} = \frac{Gd}{8C^3 n} \qquad (10\text{-}7)$$

式中：n 为弹簧的工作圈数；G 为弹簧材料的切变模量（按表 10-2 选取）。

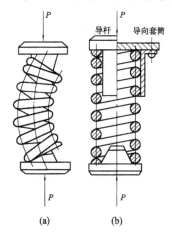

图 10-7　弹簧失稳和防止失稳的措施

由上式可知，当其他条件相同时，C 值越小的弹簧，刚度越大，即弹簧越硬，这会使弹簧卷绕困难，内侧应力过大；反之越软，弹簧越容易颤动。影响弹簧刚度的因素很多，其中 C 值影响最大。合理选择 C 值将能控制弹簧的弹力。C 值的常用范围为 5～8。此外，刚度 k 还与 G、d、n 有关，设计时应综合考虑这些影响的因素。

由式（10-7）可得弹簧的工作圈数 n 为

$$n = \frac{Gd\lambda}{8PC^3} \qquad (10\text{-}8)$$

若 $n > 20$，则应圆整为整数；若 $n < 20$，则取 n 为 0.5 的倍数。通常应取 $n > 2 \sim 2.5$ 圈。

对于高径比 $\frac{H_0}{D_2} > 3$ 的压缩弹簧，受载后会因丧失稳定性而失效，如图 10-7（a）所示。为避免失稳现象，可在弹簧的内侧加导杆或外侧加导向套筒，如图 10-7（b）所示。

三、设计计算步骤

设计弹簧时要满足强度和刚度条件，且不发生侧弯等。通常设计的原始数据为：弹簧的最大工作载荷、最大变形、结构尺寸要求（如空间位置的限制）和工作条件等。

通过设计，确定弹簧的材料、簧丝直径 d、弹簧中径 D_2、工作圈数 n、弹簧的螺旋角 α、簧丝的展开长度 L 和合理的结构等。具体的设计计算步骤建议如下。

1. 根据工作情况和具体条件选定材料，并查取其力学性能数据。

2. 初选旋绕比 C（通常初取 $C = 5 \sim 8$），并求出曲度系数 K 值。

3. 若弹簧材料为合金钢丝，则按表 10-2 查取弹簧丝的许用应力；若弹簧材料为碳素弹簧钢或低锰弹簧钢（65Mn），则根据安装空间初设弹簧中径 D_2；根据选取的 C 值初定弹簧丝直径 d'，然后由表 10-2 查取弹簧丝的许用应力。

4. 根据强度公式（10-5）确定簧丝直径 d。如有初定的簧丝直径 d'，则所算得的 d 值必须与初定的 d' 值相符合，即采用试算法进行。

5. 根据变形条件按式（10-8）确定弹簧的工作圈数 n。

6. 进行弹簧端部的结构设计。

7. 在确定了主要参数和尺寸如 C、d、D_2 和 n 后，按表 10-4 算出其余的几何尺寸和参数。

8. 对于压缩弹簧，必要时应进行稳定性验算。

9. 绘制弹簧零件图（包括弹簧的特性曲线）。

例 10.1 设计一承受压力的普通圆柱形螺旋弹簧。该弹簧在一般载荷条件下工作，要求在 $P = 1200\text{N}$ 时变形量 $\lambda \approx 41\text{mm}$。

解：由题目可知，该弹簧在安装空间尺寸方面无特殊要求，在一般载荷条件和一般环境下工作。

（1）选择材料和确定许用应力。由于弹簧在一般载荷条件下工作，故选用第 II 组碳素弹簧钢丝，并按 III 类载荷考虑。初定簧丝直径 $d' = 6\text{mm}$，查表 10-2 和表 10-3，得许用切应力 $[\tau] = 0.5\sigma_b = 0.5 \times 1350\text{MPa} = 675\text{MPa}$。

（2）预选弹簧指数 C 和确定曲度系数 K。预选 $C = 6$，则得

$$K = \frac{4C-1}{4C-4} + \frac{0.615}{C} = \frac{24-1}{24-4} + \frac{0.615}{6} = 1.2525$$

（3）确定簧丝直径。

$$d \geq 1.6\sqrt{\frac{PKC}{[\tau]}} = 1.6\sqrt{\frac{1200 \times 1.2525 \times 6}{675}}\text{mm} = 5.85\text{mm}$$

取 $d = 6mm$，与初选的簧丝直径较为接近，因此初取 $d' = 6mm$ 是合适的。

（4）计算弹簧工作圈数 n。由式（10-8）得

$$n = \frac{Gd\lambda}{8PC^3} = \left(\frac{8\times10^4\times6\times41}{8\times1200\times6^3}\right) 圈 = 9.49 圈$$

取 $n = 9.5$ 圈。

（5）计算弹簧的变形量 λ。由式（10-6）得

$$\lambda = \frac{8PC^3n}{Gd} = \left(\frac{8\times1200\times6^3\times9.5}{8\times10^4\times b}\right) mm = 41.04mm$$

（6）弹簧端部结构设计。此为压缩弹簧，故两端并紧、磨平，每端支承圈为1圈，故总圈数为

$$n_1 = n + 2 = (9.5+2) 圈 = 11.5 圈$$

（7）确定其他几何尺寸和参数（从略）。

（8）绘制弹簧零件图及特性曲线（从略）。

第五节　圆柱形扭转螺旋弹簧简介

一、结构及特性曲线

扭转弹簧常用于压紧、储能或传递转矩。例如使门上铰链复位，电动机中保持电刷的接触压力等。扭转弹簧的两端制有杆臂或挂钩，以便固定或加载。如图10-8所示为几种扭转弹簧的端部结构。在自由状态下，扭转弹簧的各圈之间应留有少量间隙（$\delta_0 \approx 0.5mm$），以避免弹簧在工作时各圈之间产生摩擦和磨损。

扭转弹簧应在弹性范围内工作，故转矩 T 与由此产生的变形（扭转角 ϕ）间保持线性关系，其特性曲线如图10-9所示。图中各符号的意义是：T_{lim} 为极限工作转矩，即达到这个载荷时，簧丝中应力到达弹性极限；T_{max} 为最大工作转矩，即对应于簧丝中的应力达到许用值时的载荷；T_{min} 为最小工作转矩（安装转矩），一般取 $T_{min} = (0.1 \sim 0.5) T_{max}$；$\varphi_{lim}$、$\varphi_{max}$、$\varphi_{min}$ 为分别对应于上述各转矩的扭转角。

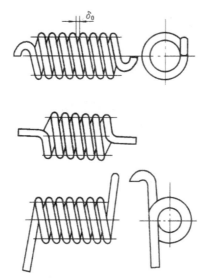

图 10-8　扭转弹簧的端部结构

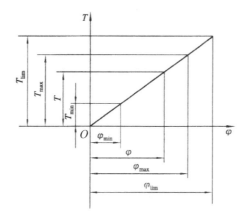

图 10-9　扭转弹簧的特性曲线

扭转弹簧的轴向长度可按拉伸弹簧计算，即

$$H_0 = n(d+\delta_0) + H_h$$

式中：δ_0 为扭转弹簧相邻两圈之间的轴向间隙，一般取 $\delta_0 = (0.1 \sim 0.5)$ mm，H_h 为挂钩或杆臂沿扭转弹簧轴向的长度。

二、承载能力计算

图 10-10 表示在垂直于弹簧轴线平面内受 T 作转矩 T 的圆柱形扭转螺旋弹簧。由于螺旋角 α 很小，弹簧丝中主要受弯矩 M 的作用，且可近似认为 $M \approx T$。即簧丝截面上的应力可按受弯矩的曲梁来计算，其最大弯曲正应力及强度条件为

$$\sigma_{bb\,\max} = \frac{K_1 T}{W} \leqslant [\sigma_{bb}] \qquad (10\text{-}9)$$

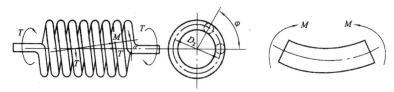

图 10-10　扭转弹簧的载荷分析

式中：K_1 为曲度系数，对圆截面簧丝 $K_1 = \dfrac{4C-1}{4C-4}$，初选时取 $C = 4 \sim 16$；W 为

簧丝材料的抗弯截面系数，对圆截面簧丝 $W = \dfrac{\pi d^3}{32} \approx 0.1 d^3$；$[\sigma_{bb}]$ 为簧丝材料的许用弯

曲正应力，按表 10-2 选取。

由式（10-9）可得簧丝直径的计算式为

$$d \geqslant \sqrt[3]{\frac{K_1 T}{0.1[\sigma_{bb}]}}$$

扭转弹簧承载时的变形以其角位移来测定。弹簧受转矩 T 作用后，因扭转变形而产生的扭转角 φ 可按下式确定：

$$\varphi = \frac{TL}{EI} = \frac{T}{EI/L} = \frac{T}{k_T} \qquad (10\text{-}10)$$

式中：L 为簧丝工作部分长度，$L = \pi D_2 n$；E 为扭簧材料的弹性模量，按表 10-2 选取；I 为簧丝截面的惯性矩，对圆截面 $I = \dfrac{\pi d^4}{64}$；k_T 为扭簧刚度，对圆截面 $k_T = \dfrac{Ed^4}{64D_2 n}$。

由式（10-10）可得扭转弹簧的工作圈数 n：

$$n = \frac{EI\varphi}{180 D_2 T} \qquad (10\text{-}11)$$

式中，扭转角 φ 的单位是（°）。

扭转弹簧的旋向应与转矩 T 的方向一致，以使弹簧内侧的最大工作应力（压应力）与卷绕时产生的残余应力（拉应力）反向，从而提高其承载能力。扭转弹簧受载后，中径 D_2 将缩小，因此对于有心轴的扭转弹簧，为了避免受载后"抱轴"，心轴和弹簧内径间必须留有足够的间隙。

参考文献

[1] 张俭，付学敏．智能制造机械设计基础 [M]．北京：机械工业出版社，2023．

[2] 陈照强，高立营，薛云娜．机械设计基础 [M]．第 2 版．北京：电子工业出版社，2023．

[3] 周骥平，俞亮，邱变变．现代机械设计理论及方法 [M]．北京：机械工业出版社，2023．

[4] 黄平，朱文坚．机械设计教程——理论、方法与标准 [M]．北京：清华大学出版社，2011．

[5] 崔井军，熊安平，刘佳鑫．机械设计制造及其自动化研究 [M]．长春：吉林科学技术出版社，2022．

[6] 吕俊流．机械设计与创新 [M]．北京：机械工业出版社，2022．

[7] 宋晓明．机械设计基础 [M]．北京：化学工业出版社，2022．

[8] 王琳．机械原理与机械设计实验 [M]．西安：西北工业大学出版社，2021．

[9] 杨萍．现代机械的设计理论与应用研究 [M]．长春：吉林科学技术出版社，2020．

[10] 闻邦椿，刘树英，张学良．振动机械创新设计理论与方法 [M]．北京：机械工业出版社，2020．

[11] 王恒迪，毛玺，张发玉．机械精度设计与检测技术 [M]．北京：化学工业出版社，2020．

[12] 李春燕．机械设计制造标准与标准化 [M]．北京：电子工业出版社，2020．

[13] 胡立明，张登霞．工程力学与机械设计基础 [M]．合肥：中国科学技术大学出版社，2020．

[14] 冯建雨，郭术花．机械设计基础（含设计指导书）[M]．北京：北京理工大学出版社，2020．

[15] 刘景阳．分析机械设计中材料的选择和应用 [J]．当代化工研究，2023（7）：191-193．

[16] 秦勇，郭抗抗，王丽杰，等．机械设计课程自学实践能力的提升 [J]．山西青年，2023（15）：129-132．

[17] 卢筱琴. 元宇宙赋能机械设计制造的应用研究 [J]. 南方农机，2023，54（7）：150-152.

[18] 刘伟. 基于仿真技术的机械设计与制造研究 [J]. 现代制造技术与装备，2023，59（6）：144-146.

[19] 周玉兰. 现代机械设计发展方向与设计方法 [J]. 农机使用与维修，2023（6）：90-92.

[20] 黄文君，郭葳. 浅析机械设计中材料的选择与应用 [J]. 石河子科技，2023（4）：30-31.

[21] 程琼. 机械设计制造及自动化发展研究 [J]. 大众标准化，2022（11）：54-55+58.

[22] 王大炜，李晓剑. 浅析机械设计与设备维护成本的关系 [J]. 中国设备工程，2022（6）：74-75.

[23] 刘兴玉，赵朋举，高琦. 精益理念下的机械设计要求 [J]. 现代制造技术与装备，2022，58（6）：213-215.

[24] 张维波，杨迁. 绿色理念融入机械设计制造的途径 [J]. 化肥设计，2022,60（5）：38-40.

[25] 赵鹏. 机械设计制造行业发展新趋势 [J]. 商洛学院学报，2022,36（5）：97.

[26] 王莉. 浅析机械设计在机械设计与制造中的重要性 [J]. 科技风，2020（11）：178.